AF590692

TRAITÉ COMPLET

DU DAHLIA.

TRAITÉ
SPÉCIAL ET DIDACTIQUE
DU DAHLIA,

SOUS TOUS LES RAPPORTS QUI PEUVENT INTÉRESSER LES CULTIVATEURS, LES AMATEURS, LES CONNAISSEURS ET LES CURIEUX DE CE BEAU GENRE.

PAR PIROLLE,

Cultivateur-amateur,

Auteur de l'*Horticulteur Français, des Annales des Jardiniers-Amateurs,* etc., etc.

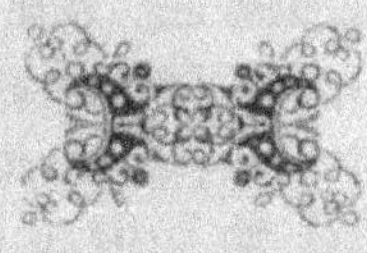

PARIS,

CHEZ FORTIN, MASSON ET CIE, LIBRAIRES-ÉDITEURS,

SUCCESSEURS DE CROCHARD ET Cie,

RUE DE L'ÉCOLE-DE-MÉDECINE, 17.

1840.

Se vend aussi à Beaune (Côte-d'Or), chez madame veuve Courtot, place Saint-Pierre, au dépôt des Jardins de la Chartreuse.

IMPRIMÉ PAR BÉTHUNE ET PLON.

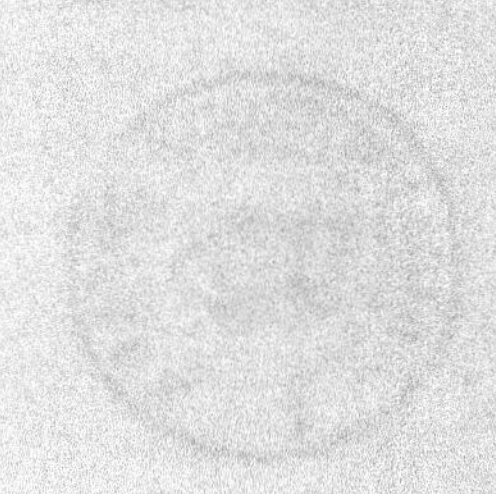

PRÉFACE.

Nous avons lu, dans leur temps, les trois opuscules successivement publiés à Paris sur le *dahlia.*

Le PREMIER a été donné en 1828 par MM. LES FRÈRES JACQUIN, marchands grainiers, pépiniéristes, etc., n° 14, quai de la Mégisserie.

Il a paru sous le titre modeste d'*Essai sur les dahlias.* Quoique, à cette époque, l'expérience sur la culture et les qualités du *dahlia* eût encore beaucoup de chemin à faire, c'était toujours un grand mérite, surtout pour des cultivateurs commerçans, de vouloir mettre, avec si grande bonne foi, MM. les amateurs dans la confidence de tout ce qu'ils savaient alors sur la culture d'une plante dont ils faisaient déjà un très-grand commerce.

Le SECOND, sous le titre de *Mémoire sur le dahlia et sur sa culture,* a été publié, en 1829, par M. LE COMTE LELIEUR de Ville-sur-Arce, ex-administrateur des jardins et pépinières de la couronne, etc.

Ce mémoire, comme tout ce qu'écrit ce digne patriarche de l'horticulture, n'a point vieilli, quoique imprimé depuis onze ans, et malgré les progrès rapides de l'horticulture et notamment ceux du *dahlia.* Nous conseillons aux horticulteurs de lire ce mémoire, s'ils ne le connaissent point. Il a été imprimé chez *Vitry,* typographe à Versailles 1829. On y trouve des notes très-précieuses, des réflexions d'une grande sagacité et des leçons dictées par une naïve, profonde et consciencieuse expérience.

M. LE COMTE LELIEUR avait précédemment donné une *Pomone française* qui s'est rapidement épuisée. Nous partageons, avec l'honorable M. *Bengy de Puy-Vallée*, le regret qu'il exprime dans son *Traité normal de la culture et de la taille du pêcher*, ouvrage aussi d'un très-grand mérite. Ce regret procède de l'interruption qu'a mise l'auteur de la *Pomone française* dans la publication de ses précieux travaux.

Le troisième opuscule, intitulé : *Traité pratique du dahlia*, par JOSEPH PAXTON, *jardinier en chef du duc de Devonshire*, etc., etc., est une traduction publiée à Paris l'année dernière, par le libraire Leleux.

En lisant cette traduction, nous avons pensé que l'ouvrage devait déjà dater de quelques années avant d'avoir été traduit. Nous avons aussi regretté bien vivement que M. Paxton, l'un des horticulteurs les plus distingués de l'Angleterre, eût reçu chez nous la grande défaveur d'être traduit par un polyglotte absolument étranger à toutes notions d'horticulture. Aussi conseillons-nous ici à l'éditeur de cette traduction, s'il juge à propos d'en donner une traduction nouvelle, de la soumettre auparavant à un horticulteur qui fasse parler M. Paxton en français comme il parle dans sa propre langue. Nous ajouterons que, si notre conseil est suivi, auteur, éditeur et lecteurs y gagneront tous, sous tous les rapports qui les intéressent respectivement.

Nous nous recommandons ici d'avance aux auteurs étrangers pour nous rendre le même service, en donnant semblable conseil dans les mêmes intérêts, s'il arrive jamais que nous soyions traduits avec les mêmes désavantages dans leur langue *.

Les praticiens qui ont lu M. Paxton avec la bienveillance que commande le talent ont aussi fait la part des inexactitudes et contre-sens de la traduction. Ils y ont reconnu l'expérience d'un grand maître. Si l'ouvrage avait été nouveau, ils auraient regretté que les occupations de M. Paxton ne lui eussent pas permis de traiter avec plus de profondeur des détails qui feraient maintenant une grande lacune dans son *Traité du dahlia :* bien sûrement cet auteur sait aussi bien que personne, combien la science est en progrès. Il connaît non moins bien encore le désir insatiable des cultivateurs pour vouloir tout approfondir.

Il y a donc quelques années que le traité de M. Paxton pouvait encore paraître complet. En 1839, il ne serait ou n'aurait été qu'une analyse sur le *genre dahlia*, comme il aurait pu en faire sur tout autre. A la date de la traduction, c'eût donc été un traité spécial qui ne laissât rien à désirer, que les amateurs spéciaux pouvaient attendre, et auraient très-probablement reçu des lumières de cet auteur.

Toutefois, le traité qu'a sans doute voulu rajeunir la traduction, *malgré la date*, n'en est pas moins un ouvrage très-recommandable. Il se fait lire avec intérêt

* Dans les intérêts de la science, des auteurs, des éditeurs même de contrefaçons et de traductions, nous prions qui est à prier de prendre au moins toutes les précautions nécessaires pour s'assurer, bien positivement, que les ouvrages ou traduits ou contrefaits ne perdent rien du mérite principal attaché au but que se propose toujours un auteur consciencieux, celui d'être utile ; et ce but est souvent manqué, quand les traducteurs ou les contrefacteurs sont étrangers à la matière.

et utilité, parce qu'on y trouve, à défaut de l'année où il a paru, ce qui flatte toujours dans les écrits de ce genre, nous voulons dire l'expérience unie à un grand savoir.

Après avoir reconnu le mérite des auteurs que nous venons de citer, nous avons pensé qu'en écrivant plus tard, nous pouvions encore traiter le même sujet avec quelque avantage pour la science et la pratique, sans rien emprunter à nos devanciers. L'accueil que leurs ouvrages ont si justement obtenu dans le monde amateur, et la flatteuse bienveillance avec laquelle il a toujours bien voulu lire les nôtres nous ont encouragés pour la rédaction de ce nouvel ouvrage.

Nous le publions avec d'autant plus de confiance que nous le considérons consciencieusement comme le procès-verbal de nos observations et de nos expériences mises en communauté avec celles de tous les confrères amateurs qui veulent bien, par leurs relations d'amitié, leurs sympathies florales et leurs visites dans nos cultures, nous mettre à même de ne plus savoir si ce sont leurs lumières ou les nôtres dont nous sommes les rédacteurs, et dont nous aimons à rendre compte à tous.

TRAITÉ COMPLET

DU DAHLIA.

ORIGINE DU DAHLIA.

Nous avons dit plusieurs fois dans nos ouvrages que le *dahlia* était originaire du Mexique. Cette plante, en effet, a été envoyée de *Mexico en* 1789 par M. *Vicente-Cervantes*, directeur du Jardin botanique de cette ville, à M. *Cavanille*, directeur du Jardin botanique de Madrid. Elle y a fleuri pour la première fois en 1791.

M. *Cavanille* fit de cette plante un genre qu'il nomma *dahlia*, par estime pour M. *Dahl*, botaniste suédois.

Lorsque plus tard cette plante fut introduite en Prusse, le célèbre botaniste Wildenow, auteur de l'*Hortus berolinensis*, n'admit point le nom imposé par le botaniste espagnol. Il donna celui de *georgina*, comme dédicace de cette plante à M. *Georgi*, alors professeur de botanique à St-Pétersbourg.

On rapporte que, outre l'estime particulière qui

avait dicté cette dédicace, le botaniste prussien avait encore voulu principalement éviter la confusion qui pouvait avoir lieu dans la nomenclature du genre *dahlia* et celle du genre *dalea*, très-jolie plante *légumineuse* aussi du Mexique et déjà consacrée à M. Dale, botaniste anglais.

L'autorité du botaniste Wildenow a prévalu en Allemagne et dans tout le nord de l'Europe, où le nom de *georgina* est généralement maintenu à la plante dont nous traitons. En France comme en Angleterre et dans tout le midi de l'Europe, c'est le nom de *dahlia* qui lui a été conservé.

En 1802, M. *Cavanille* a envoyé le *dahlia* au Jardin-des-Plantes de Paris où, pour la première fois, il y a été vu en fleurs dans cette même année.

En 1803, le célèbre naturaliste Humboldt * et M. Bonpland, botaniste français, ont rencontré à

* Nous aimerons toujours à citer le nom de ce savant, aussi modeste que profond naturaliste. Nous profiterons donc de cette circonstance pour rappeler que, dans les jours néfastes de notre patrie, pendant que les troupes étrangères défilaient dans la capitale, et avant qu'elles ne fussent arrivées au Carrousel, déjà un détachement prussien était arrivé au Jardin-des-Plantes et avait pris les ordres et renseignemens des administrateurs de ce *museum* si précieux pour en protéger les hommes et les choses, quels que fussent les événemens.

Cette sauve-garde si rapide et si bienveillante était due à l'intercession généreuse et providentielle de M. de Humboldt près de son souverain. On ne peut trop citer de semblables actions, surtout dans un temps où nos savans de contrebande ne rougissent point de préférer au bien même de leur propre pays une sinécure, et *pis encore*, pourvu qu'ils en profitent.

leur état sauvage des dahlias nains en fleurs et en graines mûres au bas du plateau du Mexique dans une sorte de prairie, quoiqu'élevée à onze cents toises environ au-dessus du niveau de l'Océan. Ils ont récolté les graines de ces plantes dans l'intention d'en doter l'Europe. A leur retour dans Mexico, ils ont appris que déjà leurs bonnes intentions étaient devancées. Toutefois, ils ont persisté dans leur louable dessein; et s'ils n'ont pas eu l'avantage de la découverte de cette plante, ils ont eu celui du moins de l'avoir répandue et popularisée par les larges et généreuses distributions qu'ils en ont faites.

Le *dahlia*, cultivé au Jardin des-Plantes de Paris dès 1802, d'abord comme plante de serre chaude, attendu son origine tropicale, ne pouvait y faire de grands progrès comme plante d'agrément, puisqu'il y est arrivé à fleurs simples, c'est-à-dire avec un seul rang de fleurons ligulés. Ce n'est pas d'ailleurs dans cette culture classique que l'on peut se livrer à la recherche des variétés d'un genre quelconque. Il suffit que l'on y puisse trouver toutes les espèces primitives ou types de chacune. On conçoit qu'autrement il faudrait à ce greffe général de tous les végétaux des centaines d'hectares et des milliers de jardiniers, si l'on voulait y cultiver toutes les variétés de chaque genre ou espèce de plantes.

Le savant et modeste André Thouin, de vénérable mémoire, a tout naturellement accueilli et soigneusement surveillé la culture du *dahlia*, lorsque cette plante lui est parvenue. Elle était annoncée comme possédant le double mérite d'une racine tuberculeuse alimentaire et d'une tige à fleurs d'ornement. Le bon patriarche était trop précis dans ce qu'il avait observé lui-même, pour ne pas faire aux autres les honneurs de la même conscience dans ce qu'ils lui mandaient. Il a donc présenté et préconisé alors le *dahlia* sous le double rapport de la comestibilité et de l'agrément. Après avoir bien étudié cette plante et surtout lui avoir fait subir toutes les épreuves de sa profonde expérience, il a fini par ne plus la considérer que sous le rapport botanique, c'est-à-dire comme un nouveau genre de *radiées*, qui, comme toutes les autres, devait tenir sa place au *museum* des végétaux. Depuis, il n'a plus parlé du *dahlia* que comme d'une plante dont les amateurs, à force de semis et de patience, pourraient un jour obtenir de très-belles variétés pour leurs parterres.

Quoique le célèbre André Thouin eût cessé après 1804 de parler du *dahlia* comme plante d'utilité et d'agrément, les ouvrages d'horticulture dont les libraires mettaient au rabais la rédaction ou les compilations, comme ceux qui faisaient aussi de l'horticulture de cabinets, ont répété pendant douze à quinze ans de suite que les tubercules du *dahlia* étaient un comestible plus ou moins merveilleux. Ils indiquaient même l'accommodement culinaire qui pouvait le rendre plus ou moins savoureux ou délicat.

C'est ainsi que successivement bon nombre de

gastronomes pendant ces douze à quinze années, et plus tard ceux qui lisaient par un hasard quelconque ces ouvrages pour la première fois, ont soumis les tubercules du *dahlia* à toutes les expérimentations de la science gastronomique. Tous les cordons bleus français de la grande et de la petite fortune ont également perdu leur temps, leur savoir, même leur savoir-faire et leurs sauces, pour introduire les tubercules du *dahlia* dans le *gaster* humain.

On a pensé que ces ouvrages, s'ils consacraient une si grande erreur sous ce rapport, étaient peut-être plus exacts sous celui de la pâture des animaux ruminans auxquels, selon les rédacteurs, le dahlia par ses racines et ses feuilles offrait encore de grandes ressources alimentaires. L'expérience faite dans mille contrées, le *dahlia*, sous ce dernier rapport, n'a pas mieux réussi : les ânes même l'ont refusé.

Mais si le *dahlia* comestible a souffert de si grandes humiliations, en revanche et grâces au zèle persévérant des horticulteurs, le *dahlia*, plante d'agrément, a fini par obtenir les plus grands succès ; et depuis un an ou deux, il a justement mérité de partager avec les roses l'empire et la couronne des parterres.

PLANTATION DES DAHLIAS.

On plante les dahlias au printemps, suivant que le climat est plus ou moins précoce et les circonstances atmosphériques plus ou moins favorables, autrement dit lorsque les gelées tardives ne sont plus à craindre.

Dans le climat de Paris, les cultivateurs spéciaux les plus zélés mettent en place leurs boutures ou tubercules avec germes ou pousses à la fin d'avril, commencement de mai. Cet usage, selon nous, est le meilleur : attendu que d'une part les plantes ont le temps de bien s'enraciner ou de se fortifier soit pour résister plus heureusement à l'action des sécheresses, soit pour absorber l'humidité dans les deux cas du trop ou du trop peu de pluies ; tandis que, d'une autre part, les dahlias plantés de bonne heure ont le temps de se développer et de fleurir à toute satisfaction. Autrement, les dahlias plantés en *juin*, *juillet*, non-seulement ne fleurissent pas toujours, puisque des gelées précoces peuvent déjà au commencement d'octobre terminer leur révolution avant que leurs premières fleurs soient épanouies ; mais encore les dahlias dont la floraison est tardive ne peuvent pas, quelque belle qu'elle soit, satisfaire pleinement les connaisseurs : ceux-ci savent tous qu'un *dahlia* d'une *beauté normale* à sa première floraison peut très-bien ne plus supporter même leur attention à la seconde et encore moins à la troisième. Tous les amateurs, tant soit peu exercés, ont vu des dahlias montrer des fleurs magnifiques à leur début ; et un peu plus tard, ces superbes fleurs pleines et bien régulières, remplacées par des fleurs à deux ou trois rangs de fleurons ou ligules, autrement dit par des fleurs simples ou par des fleurs d'un diamètre toujours de plus en plus petit, etc., etc. On voit aussi par contre, comme chacun sait, un dahlia donner des fleurs simples, ou des fleurs trop pleines et informes en débutant, lesquelles sont immédiatement remplacées jusqu'à la fin de la saison par des fleurs parfaites de formes et de plénitude. Sous tous ces rapports, comme sous celui de la bonne maturité des semences, nous pensons que les meilleures plantations de dahlias sont celles qui s'exécutent de la fin d'avril au 10 mai, dans tous les climats où les gelées peuvent les surprendre en octobre.

Il faut dire aussi que planter aussitôt, c'est risquer de perdre les dahlias qui peuvent encore succomber alors sous des gelées intempestives. Les cultivateurs habiles savent tout cela et très-bien. Aussi ont-ils la précaution de placer de suite, près de chaque individu qu'ils plantent à cette époque, un vase quelconque, soit un pot, soit une cloche, pour abriter dessous leurs jeunes plantes en cas de gelée tardive et de tous autres accidens. Ceux qui se servent de cloches ont bien soin de les ombrager le jour, afin de ne pas exposer leurs plantes à être brûlées par le soleil, cause pour laquelle nous préférons les vases en terre cuite.

D'autres amateurs ont la précaution de planter en pots, à la fin d'avril, tous les individus ou variétés de leurs collections. Ils placent ces pots au pied d'une muraille exposée au midi ou sous châssis à froid; et, selon la température, ils abritent leurs plantes plus facilement au moyen de paillassons, etc. Ils soignent cette plantation ainsi disposée jusqu'au commencement de juin et même un peu plus tard; et suivant les circonstances qu'ils peuvent toujours ainsi maîtriser, ils mettent leurs plantes en place. Cette précaution est sans doute très-sage. Ainsi, dans les années, heureusement assez rares, où des gelées funestes viennent encore désoler les cultures au 16 et même au 25 juin, comme nous l'avons vu à la fin du dernier siècle, ceux qui cultivent prudemment seraient les seuls auxquels il resterait des dahlias.

Les dahlias doivent se planter dans un creux ou auget assez profond pour que les racines se trouvent au moins à cinq ou six pouces au-dessous de la superficie du sol. Un peu plus tard, on referme ces augets à moitié, et l'on remplit l'autre moitié avec du fumier demi-passé ou du terreau de feuilles, afin de protéger les racines contre les grandes ardeurs du soleil, etc.

DES TREILLAGES ET TUTEURS,

ou moyens de préserver les dahlias contre l'action du vent et autres circonstances accidentelles.

Des amateurs plantent des dahlias près des murs treillagés et ne leur laissent pousser des branches et rameaux que sur les deux flancs, ou côtés de droite et de gauche. Ils palissent ces rameaux de manière à ce qu'ils tapissent les murailles avec le plus d'art et d'ensemble que possible. Ces palissages bien exécutées font sans doute un très-bel ornement, et les dahlias s'y prêtent avec d'autant plus de succès, que d'abord ils se trouvent les pieds dans une terre substantielle bien amendée, couverte d'un bon *paillis*, et ensuite, suivant les circonstances, arrosée largement; surtout à l'exposition du midi, un peu moins aux expositions de l'est et de l'ouest. Nous ne parlons pas de celle du nord, parce que les résultats, faute de soleil, y sont et ne peuvent être que plus ou moins médiocres.

Cette plantation en espalier aux murailles, quels qu'en soient ou puissent être les agrémens, ne satisfait point en général les amateurs et encore moins les connaisseurs. Cependant, quelques amateurs en Angleterre trouvent plus convenable d'assurer leurs dahlias par des treillages plus ou moins solides qu'ils établissent par grandes lignes graduées, et après lesquels ils dressent leurs plantes en espaliers. Quand ces espaliers se composent de dahlias précieux, bien étagés par lignes, suffisamment espacés et bien assortis par le mélange artistement combiné des couleurs, bien certainement ils peuvent et doivent même faire beaucoup d'effet; notamment si les treillages sont construits avec un peu de goût uni à une élégante simplicité, les plates-bandes tenues bien propres et relevées par une bordure de graminées ou de plantes naines entretenues bien fraîches, enfin les allées soigneusement passées au râteau, afin que tout soit ainsi en parfaite concordance avec le choix et la vigueur des belles plantes cultivées, assorties et palissées avec talent. On conçoit qu'un tel ensemble puisse flatter le goût de beaucoup de monde. On aperçoit aussi combien il est favorable aux beaux dahlias qui n'auraient que le défaut des pédoncules trop faibles; puisqu'au moyen du palissage, ce défaut pourrait même ne pas être aperçu.

Malgré ce dernier avantage, aujourd'hui de peu de valeur, puisque nous devenons toujours plus riches en dahlias bien pédonculés; malgré encore les autres avantages que l'on trouve dans la facilité de maintenir mieux un dahlia contre les coups de vents par des treillages que par des tuteurs, etc., nous ne pensons pas que le goût français adopte jamais, pour déployer une belle collection, la méthode de ces treillages. Nous pensons, au contraire, que tout ce qui rapproche le plus de sa liberté naturelle une plante quelconque est toujours ce qu'il y a de plus gracieux. Ainsi, puisqu'absolument les dahlias ont besoin d'appui pour les soutenir, c'est, selon nous, le moins apparent qui mérite la préférence, pourvu qu'il suffise : c'est donc un bon tuteur en bois de chêne, chataignier ou robinier, placé avec toute l'adresse possible et à propos pour qu'il protége la plante sans la blesser, ni la déparer. Ces tuteurs, enfoncés de quinze à dix-huit pouces en terre, doivent être justement assez longs et assez forts pour que l'on y puisse bien attacher la tige de la plante et séparément ses grands rameaux, de manière à assurer la plante entière contre toutes chances d'accidens atmosphériques et autres, en même temps que le sommet de ces tuteurs reste masqué par la cime de la plante. Les ligatures doivent également être placées de manière à ce qu'elles soutiennent solidement la plante et ses rameaux, sans les trop contraindre, et aussi à ce qu'elles soient le plus que possible cachées par le feuillage.

Quelques cultivateurs mettent leurs dahlias en place d'abord, et ce n'est que lorsqu'ils ont déjà deux à trois pieds de hauteur qu'ils songent à les tuteler; souvent même ils attendent pour cela qu'une tourmente d'atmosphère les avertisse par quelques accidens qu'il n'y a plus de temps à perdre pour faire cette opération. Alors ils placent des tuteurs au hasard; et, comme leurs yeux ne pénètrent point au sein de la terre pour y distinguer la place la plus convenable pour enfoncer leur tuteur, il arrive assez souvent qu'ils écrasent avec la pointe de leur pieux le tubercule le plus précieux de la plante.

Pour éviter cet inconvénient, les cultivateurs les plus soigneux placent d'abord leurs tuteurs sur les lignes de leurs dahlias, et les plantent ensuite aux pieds de ces tuteurs bien alignés. D'autres, aux yeux desquels ces tuteurs nus sont incommodes et désagréables, placent provisoirement, et aussi bien en lignes, des bouts de baguettes assez forts qui ne sortent de terre qu'à dix ou quinze pouces de longueur: ils y attachent leurs jeunes dahlias avec du jonc à mesure qu'ils ont besoin d'être dirigés et maintenus; et quand ils mettent définitivement les tuteurs, les baguettes qu'ils sortent de terre indiquent tout naturellement les places les plus convenables et aussi assez probablement les moins dangereuses pour y placer les tuteurs, sans blesser autant les tubercules que s'ils étaient mis au hasard.

DES BOUTURES DE DAHLIAS, TIRÉES DU COMMERCE,

ou d'une culture quelconque, autre que la sienne.

Les cultivateurs commerçans expédiaient en tubercules, il y a encore très-peu d'années, les dahlias que les amateurs demandaient alors un peu plus tôt que maintenant; parce que tel fort que soit un pied de dahlia, il s'en faut de beaucoup qu'il puisse se diviser en autant de séparages que l'on peut en obtenir de boutures; et la division d'un beau dahlia par le plus grand nombre possible est devenue et devient encore chaque jour plus obligée que jamais, puisque à Paris nous connaissons telles variétés de dahliás qui ont fleuri pour la première fois en août dernier, lesquelles variétés avaient déjà eu chacune plusieurs centaines de commandes au 30 novembre suivant.

On conçoit que les commerçans qui ne possèdent qu'un seul pied de ces variétés ne pourraient nécessairement point remplir ces commandes, s'ils se bornaient, comme un amateur, à conserver ce pied en état de repos l'hiver jusqu'au printemps. Déjà, dans le commerce, lors de la floraison, le cultivateur pénétrant a deviné, par les suffrages des connaisseurs, quelles étaient, dans ses cultures, les plantes qui lui seraient demandées en plus grand nombre. Déjà il s'est de suite mis en mesure pour ne pas être pris au dépourvu : nous voulons dire qu'il a de suite greffé ces plantes en boutures sur tubercules, lesquelles boutures, au premier printemps, viendront, avec le plus grand succès, en aide à la plante-mère pour la multiplier à temps utile, au gré des vœux des amateurs qui ont demandé et qui demanderont. S'il en était autrement, l'horticulteur du commerce n'entendrait rien à ses intérêts.

Mais un commerçant, quelque habile qu'il soit dans ses prévisions, ne peut pas toujours néanmoins réussir dans les choses indépendantes du plus grand mérite et de la plus heureuse expérience. Il ne peut pas faire, par exemple, qu'un mois de février ou mars soit compté pour des jours solaires ; et s'il advient que le soleil se montre très rarement alors, il aura beau chauffer ses serres, les boutures n'en prendront pas racine plus vite : il en est même bon nombre qui fondront au lieu de marcher ; tandis que plus grand nombre encore s'étioleront, si l'on a l'imprudence de les faire pousser à la chaleur sans air ni chaleur, quand le temps reste à la fois couvert et glacial.

A ces mécomptes forcés peuvent encore s'en joindre plusieurs autres. Un cultivateur en grande vogue a beau encore être très-laborieux, il ne peut malheureusement tout faire par lui-même. Il faut donc qu'il se fasse aider, ne cultivât-il même que des dahlias ; à plus forte raison quand il cultive encore d'autres spécialités non moins intéressantes et précieuses. Qui pourrait calculer, outre les accidens imprévus, ceux auxquels peuvent donner lieu, sous le maître le plus habile, le plus attentif, le plus prévoyant, l'étourderie, la maladresse, la négligence et même la présomption de ceux qu'il doit employer ?

Ainsi s'expliquent et peuvent souvent s'expliquer les retards dans l'expédition des commandes, la faiblesse des boutures livrées, faute de pouvoir en donner de plus fortes ; enfin, les quelques erreurs qui peuvent se glisser dans les identités des plantes, malgré la meilleure foi et les intentions les plus droites dans le patron de la culture commerciale la mieux famée.

PRÉSERVATION DES BOUTURES A LEUR ARRIVÉE,

lorsqu'elles sont expédiées plus ou moins loin.

Les amateurs qui demandent et qui paient ne sont pas tenus de prendre toutes les circonstances en considération : ils ont le droit de se regarder en dehors de leurs résultats ; mais, pour être juste, il faut dire qu'il peut arriver bien des fois que des amateurs inexpérimentés ou négligens pourraient bien aussi avoir à s'imputer beaucoup de mécomptes qu'ils attribuent au commerce. Nous avons plusieurs fois, dans le double intérêt de l'amateur et du commerçant, témoigné par nos annales le désir que le commerce joignît à toutes ses expéditions des genres de plantes les plus généralement cultivées, un bulletin dont l'impression ne serait pas très-coûteuse, et sur lequel serait mentionnée une analyse de la culture spéciale de ces plantes.

Ce bulletin serait surtout bien des fois utile comme accompagnement à l'expédition des boutures de dahlias. Si l'expédition vient d'un peu loin, ou si elle a éprouvé des retards en route, tous les amateurs ne savent pas qu'après avoir déballé ces boutures, privées d'air pendant plus ou moins de jours, ce serait les exposer beaucoup que de les mettre de suite en place à l'air libre et au grand soleil; quand bien même elles seraient en très-bon état : plusieurs ignorent qu'en les plaçant quelques jours à l'ombre auparavant, ou en les ombrageant après les avoir mises en place, si l'on est impatient de faire disparaître les vides qu'elles sont destinées à remplir, on les préserve des accidens auxquels ne résistent pas toujours les jeunes plantes, lorsque avec trop de vitesse on les livre à l'air libre, en les sortant d'une situation quelconque dans laquelle ces plantes en étaient privées depuis un temps qui se compte par plusieurs jours continus.

On ombrage ces jeunes plantes en les couvrant avec un pot pendant le jour. On ôte ce pot le soir, et le jour quand il pleut; on replace ce vase sur les plantes le matin avant que le soleil puisse les fatiguer, et ainsi de suite, jusqu'à ce qu'elles ne fléchissent plus au soleil. On conçoit que si, faute de ces précautions, que, nous le répétons, il serait sage au commerce d'indiquer au moins sur ses catalogues, des amateurs perdent des boutures, ils doivent ne s'en prendre qu'à leur inexpérience.

Il arrive encore que le commerçant, trop pressé par le temps donné pour satisfaire, envoie des boutures ou un peu trop grêles, parce que ce sont celles qui repoussent plus tôt que les autres, ou de plus robustes, mais encore trop fraîchement reprises. Dans l'un comme dans l'autre cas, ces boutures, surtout si le voyage est un peu long, arrivent assez communément plus ou moins délabrées. Ce serait très-certainement les achever, si, à leur déballement, on les exposait à l'air libre en les mettant de suite en place. On en perdrait encore le plus grand nombre, peut-être toutes, si l'on ne prend les soins et précautions ci-dessous indiquées. Au contraire, l'on en sauvera un très-grand nombre, sinon toutes, en plaçant de suite ces boutures sous cloche ombragée au soleil, ou sous châssis dans une serre douce, ou une bâche. A défaut de cette ressource, on arrivera, mais quelques jours plus tard, aux mêmes résultats en mettant ces boutures avec leurs pots en pleine terre à bonne exposition, comme on les eût mises dans la tannée ou le sable de la serre, et en les couvrant d'une cloche ombragée. Dans tous les cas, ces boutures doivent être ou avoir été visitées en arrivant, le dessus de leur terre bien biné et réparé s'il était en mauvais état. Au besoin même, il faut rempoter avec bonne terre, si la plante arrivait trop en désordre. Il est inutile sans doute d'ajouter que ces boutures doivent être arrosées en arrivant, si leur terre est tant soit peu desséchée ; et que, mises sous sous une cloche, elles doivent être souvent visitées, soit pour leur rendre la lumière lorsque le soleil ne peut plus les brûler, soit pour les arroser à propos, soit enfin pour leur donner peu à peu l'habitude de l'air libre aussitôt qu'elles sont rétablies, afin de les mettre définitivement aux places qu'elles doivent pouvoir occuper.

Beaucoup de boutures expédiées un peu faibles, quoique un peu altérées en arrivant à leur destination, se rétablissent parfaitement par les soins ci-dessus mentionnés ; et ceux qui les prennent ne s'en souviennent plus lorsque ces plantes fleurissent, tant le dahlia est prompt à végéter, pour peu que le temps soit favorable, et que d'ailleurs il soit protégé par des mains habiles et intelligentes.

TERRE CONVENABLE AUX DAHLIAS.

Parce que le *dahlia*, comme nous l'avons dit, a été rencontré sauvage dans une plaine du Mexique, et sans que l'on sache encore aujourd'hui de quelle nature en était le sol, chacun s'est fait une idée quelconque pour suppléer à l'omission des naturalistes sous ce rapport. Les uns ont donc prétendu que cette plaine, élevée à onze cents et des toises au-dessus du niveau de la mer, devait être très-aride, et que le sol devait en être léger ; d'autres ont pensé tout autrement, parce que ces naturalistes, dans leur rapport, ont dit que la plante se trouvait dans un lieu herbager qui était une sorte de prairie, quoique rien ne fût plus rare dans ces contrées. Ainsi chacun a imaginé à sa guise que le dahlia voulait, celui-ci une terre très-légère, celui-là une terre très-généreuse, comme celle qui produit les plus vigoureux herbages. Le premier a eu raison quand les années étaient très-humides : nous avons vu, dans ces circonstances, des dahlias plantés dans du sable blanc végéter à souhaits; le second, à son tour, a beaucoup mieux réussi quand les années étaient sèches et très-chaudes. Il faut dire cependant, malgré la différence de succès, que cette différence était assez peu sensible pour passer inaperçue aux yeux de qui n'observait pas de très-près. Il faut ajouter encore que, pendant plus de vingt années, on a pu croire que le dahlia s'accommodait de toutes terres et de toutes expositions, tout comme nous venons de le dire; tant cette plante, dans la bonne saison, est vigoureuse.

Si, durant un très-long intervalle, tout contribuait à confirmer cette opinion, force est maintenant de reconnaître qu'il n'en est point ainsi. Depuis deux à trois ans, nous observons que les dahlias, dans une terre trop légère, y languissent aux premières sécheresses; que leur sève altérée donne lieu à la naissance et à l'accroissement d'un insecte qui bientôt couvre le dessous de toutes les folioles et en dévore ou dessèche le parenchyme séveux au point de compromettre très-gravement la plante. Nous avons vu des collections entières dont la floraison a été paralysée par cette affreuse plaie ; et nous-mêmes, en 1838, avons subi ce résultat sur quelques plantes qui ont été tout-à-fait perdues.

Cette année 1839, nous avons vu reparaître le même fléau sur deux à trois individus, pendant les longues sécheresses de l'été. Aussitôt que nous nous en sommes aperçus, nous nous sommes hâtés de dépouiller de toutes leurs feuilles, avec les pétioles, les plantes déjà envahies par l'insecte destructeur. Nous avons de suite amélioré avec du terreau gras la terre qui couvrait les racines de ces plantes, auxquelles nous avons donné un large arrosement ; et à dix ou quinze jours de retard près, elles ont fleuri avec autant de succès et de perfection que les autres, dont nous avons été très-satisfaits.

Nous avons aussi observé que dans les terres trop légères, et conséquemment trop accessibles à la pénétration de la chaleur, les plantes y finissaient bien plus vite aussi leur révolution. Déjà la première floraison d'un mois passée, elles se reposaient deux mois avant que les autres ne fussent même arrêtées par les premiers froids d'octobre, novembre, ce qui est encore un très-grand inconvénient.

Nous avons aussi observé par contre, dans les terres fortes et généreuses, que les Anglais nomment *loam*, telles sont celles de l'ancienne Brye, de la Beauce, de la Woyvre, etc., que le dahlia s'y emporte en branches très-vigoureuses, se ramifiant et surramifiant à l'infini, et que la sève, dans cette fougueuse végétation de bois et de feuilles, s'épuise au détriment des fleurs alors peu nombreuses, très-tardives, et très-souvent ou petites ou mal développées.

Depuis plus de vingt ans que nous observons le *dahlia* cultivé par nos amis, par le commerce et par nous-mêmes, et depuis sept à huit ans que nous l'avons pris en grande affection, comme les *tulipes*, les *rosiers*, etc., nous croyons avoir seulement acquis assez d'expérience aujourd'hui pour nous prononcer avec conviction sur cette culture, et notamment sur la composition la plus efficace de la terre destinée à cette plante, de la terre enfin où généralement elle donne sous tous les rapports les meilleurs résultats.

Cette terre est celle que l'on forme avec moitié bonne terre franche légère et moitié de bon terreau seulement mi-passé ; si l'on est dans le cas de choisir, on préfère celui de vache dans les sols arides, et celui de cheval dans ceux qui sont frais. Si la terre franche est tant soi peu compacte, il faut n'en mettre qu'un tiers, avec un tiers de terre légère de jardin, et l'autre tiers de terreau gras ; le tout bien mêlé. Dans le sol ingrat que nous cultivons, nous faisons un trou assez profond et large pour contenir environ une brouettée de terre franche bien friable, mêlée avec moitié de terreau gras composé d'un mélange de feuilles, de fumier de vache et de cheval; et, depuis cette précaution, nous avons les dahlias comme nous pouvions les désirer. Les quelques individus dont nous avons parlé plus haut étaient des répétitions envers lesquelles nous avions été moins généreux de la terre que nous préparons et donnons à tous ceux que nous ne pouvons ou ne voulons pas répéter.

ARROSEMENT DES DAHLIAS.

On arrose les dahlias aussitôt leur mise en place, si le temps est sec. Il est plus avantageux qu'une bonne pluie dispense de ce soin. Une fois les dahlias bien repris, s'ils sont plantés comme nous l'indiquons dans cet ouvrage, il faut, autant que possible, leur ménager les arrosemens, afin de ne pas trop favoriser leur sève dans sa tendance à s'emporter, et à en faire monter les tiges au-delà de leur hauteur naturelle ou proportionnée : dans ce cas, c'est-à-dire dans celui où l'on pousserait un *dahlia* au moyen de l'eau, il perdrait l'un des premiers avantages, faute duquel il cesserait d'être estimé des connaisseurs ; et cet avantage, comme nous le dirons plus loin, est la proportion exigée entre le diamètre des fleurs et l'élévation des tiges.

A moins de circonstances obligées, comme s'ils fléchissaient sous la sécheresse, ou s'il avait fallu les replanter, on n'arrose les dahlias que quand ils commencent à fleurir, et que tous les boutons en sont formés et prononcés. Alors la plante est à peu près à sa hauteur, et, quelle que soit la vigueur de la sève, elle a bien assez de voies d'écoulement pour développer et soutenir la floraison longue et successive de ces plantes : souvent même cette sève, quoique forte, ne suffit point à la révolution entière de ces mêmes plantes, puisque beaucoup de leurs graines avortent après le premier élan que leur a donné la fécondation.

Ainsi, la floraison commencée, il faut, dans les temps de sécheresse, soutenir les dahlias par des arrosemens généreux et répétés en raison des effets de la sécheresse et de la chaleur, et surtout quand les orages, qui donnent des pluies chaudes et abondantes aux cultures favorisées du voisinage, ne laissent aux nôtres que l'électricité qui ajoute tant à l'irritation des plantes trop long-temps privées des vapeurs bienfaisantes de l'atmosphère.

Cette année nous avons reçu en juin une vingtaine de dahlias anglais réputés très-précieux. Il a fallu, pendant dix à quinze jours, les soigner sous cloche pour les rétablir et les fortifier avant de les mettre en place, et, à raison de la sécheresse et du grand soleil, ils ont encore, pendant dix à douze jours, nécessité des abris mobiles, replacés, ôtés et diminués ou entr'ouverts avec soin pour éviter que le soleil ne les altérât ou fît périr, et enfin pour les accoutumer doucement à pouvoir en supporter toutes les ardeurs, etc.

Ces plantes, mises en terre dans une planche à part, ont été en tout plantées et cultivées comme nous en avons rapporté plus haut le traitement. Elles ont bientôt regagné le temps perdu; enfin, au commencement d'août, celles qui étaient les plus faibles ont commencé à bien fleurir; mais, dans ce mois, depuis déjà quarante jours et plus, quoique nous ayons eu deux à trois orages, notre sol n'avait pas en tout reçu cinq à six lignes d'eau, lesquelles, absorbées très-rapidement, n'ont fait qu'aigrir les chagrins du cultivateur, en même temps qu'elles ne semblaient qu'irriter les besoins des plantes.

Durant cette calamité, il a fallu beaucoup d'eau à la culture des dahlias, surtout dans les terrains légers, puisque dans les terres les plus compactes ils y souffraient déjà beaucoup. Nous en avons même trouvé, dans ces terres généreuses, qui étaient atteints de cette lèpre que nous avons signalée, et que les jardiniers appellent la *grise*, parce que l'insecte qui se rapproche beaucoup du *tigre du poirier* est en effet gris-blanchâtre, mais encore plus petit.

Pour sauver de tous accidens ou dommages nos dahlias anglais, nous leur avons donné à chacun, pendant tout ce mois d'août si brûlant, un arrosoir d'eau au pied entre quatre à cinq heures du matin, la même mesure d'eau entre midi et une heure, et le soir entre sept et neuf heures la même quantité, mais cette fois en pluie seulement, au-dessus du feuillage. Ce traitement a été recompensé par tant de succès qu'aucune des plantes qui l'ont reçu n'a éprouvé, sur aucun de ses organes, la moindre des altérations. Toutes, au contraire, étaient très-fraiches, très-vigoureuses, et semblaient avoir végété sous le ciel le plus prospère, le plus clément. Les autres, qui n'ont été arrosées qu'une fois tous les soirs et sur les pieds, ont très-bien fleuri, mais, comme partout, elles avaient quelques feuilles tachées ou brûlées par le soleil.

TAILLE ET ÉBOURGEONNEMENT DU DAHLIA.

Nous sommes encore loin de pouvoir nous composer une collection de cent belles variétés parfaites du dahlia, c'est-à-dire de cent variétés qui puissent atteindre ou réunir toutes les perfections imposées par le goût de tous les amateurs, afin de réunir à la fois tous les suffrages et de braver toutes les critiques. Nous ne connaissons même encore que très-peu de variétés qui possèdent naturellement toutes ces perfections, au nombre desquelles nous comprenons un *facies* qui n'a besoin d'aucune incision ou suppression, comme celui du *Cambridg's hero*.

En attendant que nous soyons assez riches pour n'avoir que des variétés du même mérite, une collection ne sera belle qu'autant que l'art viendra utilement au secours de la nature. Ainsi, l'un de nos plus beaux *dahlias* est bien certainement le *Warmunster rival* : les fleurs en sont bien pleines ; elles ont plus de quinze rangs de ligules supérieurement arrondies, étagées et imbriquées ; et l'ensemble rappelle le beau style des roses cent-feuilles bien pleines ; le diamètre de ces fleurs superbes est de quatre bons pouces ; les pédoncules sont fort élevés et inégaux, quoique tous présentent majestueusement leurs fleurs magnifiques à six, huit et dix pouces au-dessus du feuillage, et rappellent dans leur disposition l'image ou le spectacle d'une gerbe de fusées dans un feu d'artifice. Tous les rameaux de cette plante sont bien filés : la sève ne s'y emporte point en sous-rameaux inutiles ou confus qui déparent, s'ils ne sont supprimés à propos. Aussi le plus grand nombre des amateurs admirent-ils cette plante comme une perfection ; tandis que les connaisseurs lui reprochent avec raison de s'élever à six et même sept pieds, tout en conservant le diamètre de quatre pouces dans ses fleurs, qui alors sont bien trop petites ou disproportionnées. Les cultivateurs les plus expérimentés, et en même temps connaisseurs, soutiennent que les fleurs du Warmunster rival et celles d'autres variétés auxquelles on reproche le même défaut sont parfaites dans leurs proportions ; que ce sont les tiges seules qui pèchent contre l'harmonie ou la mesure en s'élevant trop haut. Ils mettent en effet la raison de leur côté en modifiant ce dahlia, de manière à ce que sa tige ne dépasse pas la hauteur de quatre à cinq pieds ; et alors la proportion est parfaite. Pour obtenir ce résultat, ils ont recours à deux moyens qui nous ont parfaitement réussi l'un et l'autre.

Le premier, c'est de mettre en place, au commencement de mai, ce dahlia et autres qui s'élèvent trop, et d'enterrer à deux bons pouces les deux yeux les plus voisins du collet. Bientôt, si l'on soigne bien, ces plantes donneront une belle tige et deux drageons. Quand la première aura huit à dix pouces, on l'amputera ; quatre à huit jours plus tard, on supprimera encore l'un des deux drageons. Celui qu'on aura conservé ne s'élèvera guère au-dessus de quatre pieds. Les deux blessures successivement faites à la plante par ce procédé ont chacune causé une assez bonne déperdition de sève dans le moment où elle flue avec très-grande abondance ; de plus, la plante a perdu deux organes qui auraient puisé dans l'atmosphère un grand accroissement à cette sève déjà trop vigoureuse. C'est ce qui explique pourquoi nécessairement la plante, ainsi taillée, se réduit à un développement beaucoup moins gigantesque, quand elle a le défaut dont nous indiquons le remède.

Le second moyen est de greffer sur tubercule la tête amputée sur la plante, comme nous venons de l'indiquer. Cette greffe bien faite et soignée donne un individu qui fleurit à dix ou douze jours près, aussitôt que le drageon ou la branche qui l'a remplacée, et s'élève encore à huit ou dix pouces moins haut, parce que le tubercule par la greffe, comme nous l'indiquerons, s'oppose à ce que la plante qu'il reçoit puisse développer autant de racines tuberculeuses qu'une bouture, ou une séparation de pieds *.

La taille que nous venons d'exposer peut bien redresser l'imperfection à laquelle on l'applique ; mais cette imperfection, à beaucoup près, n'est pas la seule que l'on trouve dans les dahlias. Il en est bon nombre dont les fleurs sont admirables, et jus-

* Nous recommandons surtout ce dernier moyen pour des plantes superbes, comme notamment la *Beauté de Bedford*, dont les fleurs magnifiques et supérieurement panachées perdent tout leur prix, parce que la plante monte à six pieds et plus.

tement admirées; mais les unes sont ou trop tardives, comme dans *Metropolitan rose*, ou *Hope*, *Mary Dodd's*, *Lady Darmouth*, etc., qui, outre ce défaut, ont encore celui d'être peu nombreuses, et enfin celui de se cacher sous leur feuillage, ou de ne pas suffisamment le dominer. Un seul de ces trois défauts suffit pour déprécier ces plantes, et pour en éloigner un connaisseur tant soit peu sévère. Un cultivateur habile, et surtout soigneux, ébourgeonne toutes ces plantes à mesure qu'elles donnent des sous-bourgeons. Ceux-ci disparaissent aussi facilement et sans laisser plus de traces que ceux de la vigne, si l'on opère cette suppression avant qu'ils aient plus de deux à trois pouces. Il suffit de les saisir par le milieu avec le *pouce* et l'*index*, et de les biaiser en abaissant la main, pour qu'ils se détachent de suite ; si l'on attend plus tard, l'opération est plus difficile, et conséquemment plus lente. Il faut, avec l'adresse que donne l'habitude, passer en dedans et en dehors de la base du sous-rameau le tranchant d'une lame fine et bien incisive, et l'incliner légèrement de chaque côté pour la détacher avec sa base taillée en coin, ce qui le fait tout naturellement tomber, sans que la feuille de la branche soit ni coupée, ni même blessée, et sans que le sous-rameau, ainsi amputé ou plutôt démonté, laisse une trace bien visible. Autrement, si l'on coupe avec plus ou moins de maladresse les sous-rameaux à quelques lignes au-dessus de leur insertion, c'est déshonorer la plante : les connaisseurs, que cette opération grossièrement faite rebute, n'en trouvent pas la compensation dans les fleurs les plus parfaites et les plus brillantes. Ils ne voient que les chicots ou moignons laissés dans les aisselles des feuilles.

Les résultats sont tous différens lorsque, au contraire, l'ébourgeonnement a été bien fait. Alors il passe inaperçu; la sève se trouve forcée de prendre son cours dans les rameaux conservés et d'en nourrir les fleurs. Celles-ci croissent et s'épanouissent plus nombreuses, plus hâtives et mieux développées.

Si beaucoup de dahlias exigent l'amputation des sous-rameaux à l'infini, lesquels occupent la sève au détriment de quelques fleurs rares et tardives, toujours débordées par ces sous-rameaux qui les cachent; lorsque enfin ces plantes fleurissent, non moins bon nombre aussi s'emportent en grands et trop nombreux rameaux, qui font de toute la plante un buisson énorme. Cela peut bien convenir dans les grands massifs d'un parc ou d'un vaste jardin public; et encore, dans ce cas, reste la difficulté de les maintenir contre les coups de vent qui les abîment. Un seul tuteur ne peut suffire; et plusieurs à la même plante en ôtent toute la grâce. Quand il s'agit, au contraire, de développer une belle collection sur un ou plusieurs rangs, on conçoit la difformité d'une très-grosse plante à côté d'une autre dont les proportions seraient bien ménagées, et conséquemment très-élégantes.

Pour donner une belle forme pyramidale aux dahlias qui n'ont pas cette tendance tout naturellement, il faut, par la taille, en supprimer, comme dans les arbres à fruits, toutes les branches ou rameaux mal placés, c'est-à-dire ceux qui se croisent avec d'autres ou qui les avoisinent de trop près et empêchent la circulation de l'air dans le feuillage. Qu'un pied de dahlia, outre sa tige prolongée, ait cinq à six beaux rameaux alternes et bien filés en faisceaux, ceux-ci, au besoin, dégarnis des sous-rameaux trop nombreux, bien sûrement, si d'ailleurs les fleurs en sont parfaites, on en fera toujours une superbe plante, fût-elle une *Mary queen of Scott* (Dodd's), une *Mary* (Dodd's), une *Lady Darmouth*, et même un *Adisson* ou *Louthianum*, lesquels donnent toujours trop de rameaux qui en étouffent ou cachent les fleurs.

Si la plante à tailler est très-vigoureuse, il est à craindre que la sève rejetée dans la tige-mère ne fasse trop élever celle-ci ; pour éviter cet inconvénient, il faut attendre à la première floraison. Si la plante, au contraire, n'est ou ne paraît pas être d'une très-grande vigueur, quoique trop touffue ou prononcée pour le devenir, on doit la tailler à mesure que les pousses exubérantes ont deux à trois pouces, afin, d'une part, de dominer un peu la sève, et, de l'autre, d'éviter les vestiges désagréables que pourrait laisser la taille ; enfin, si la plante conserve tout naturellement ses belles proportions, il n'y a point de taille à lui donner.

DES INSECTES NUISIBLES AUX CULTURES DE DAHLIAS.

Les vers blancs ou larves de hannetons, moins difficiles que les hommes et les bestiaux, aiment et recherchent pour leur pâture les tubercules de dahlias, et causent, conséquemment, une déplorable perturbation dans leur culture lorsqu'ils les infestent.

Dans les terrains particulièrement désolés par ce fléau, on parvient à en diminuer les ravages, et même à s'en affranchir. Pour obtenir ce résultat, ces terrains doivent être labourés très-profondément au mois d'octobre, mais à bêchées très-minces. Il ne suffit pas que les mains soient adroites, il faut encore que les yeux soient attentifs pour reconnaître les vers blancs, et notamment ceux de la dernière ponte, qui alors sont très-petits. Si dans le terrain à purger ou préserver se trouvent des bordures de *fraisiers*, de *pimprenelles*, de *gazon*, etc., il faut renverser ces bordures : on y trouvera les jeunes vers blancs réunis par milliers, et pâturant encore ; et, malgré toutes les *bêtises écrites sur et contre les vers blancs*, au lieu d'être enfermés bien profondément sous terre, bien avant cette époque, on en trouvera des trois âges, encore rongeant très-bien, même en décembre, s'il ne gèle pas au-dessus d'un à deux degrés.

Le labour exécuté, on ferait très-bien de border alors avec des fraisiers les plates-bandes destinées à la plantation des dahlias de l'année suivante, et d'y semer au printemps, çà et là, de petites laitues, et d'en repiquer fin de mars et tout avril. Par ces précautions, il sera facile, en surveillant bien, de se débarrasser des vers blancs qui auront échappé au labour de l'automne. Il est inutile de dire qu'il faut alors visiter deux à trois fois par jour les plantes destinées comme appâts aux vers blancs, afin de pouvoir, aussitôt qu'elles fléchissent, atteindre l'insecte en le surprenant à la curée. Du mois d'avril au commencement de juin, si l'on y met du zèle, on aura le temps de diminuer beaucoup, si pas de faire disparaître tout-à-fait les insectes si justement redoutés.

C'est surtout lorsque ces précautions deviennent obligées qu'il est très-sage de planter en pots, à la fin d'avril, les dahlias de sa belle collection, et de bien les soigner; afin de ne pas se trouver trop en retard lors de la plantation ou mise en place au mois de juin. Les pots doivent être au moins de quatre à cinq pouces, afin que les dahlias puissent y végéter convenablement jusqu'à l'époque retardée de leur mise en place.

Lorsqu'on fait cette opération, il est toujours très-sage encore de planter en même temps quelques laitues près du pied de chaque *dahlia*, et d'y veiller, afin de n'avoir pas même à éprouver quelques autres accidens partiels; et ceux-ci sont d'autant plus à redouter, que, assez communément, ils tombent sur les plantes les plus précieuses.

Nous pensons qu'au mois de juin il serait prudent de replacer en motte, près d'un mur au nord, surtout s'ils sont en très-grand nombre, les fraisiers plantés comme appâts aux vers blancs; attendu que les femelles de hannetons, guidées par un admirable instinct de la nature, recherchent ces plantations de préférence pour y déposer leur génération, afin de lui assurer, en naissant, les meilleures et les plus abondantes ressources alimentaires; et cette intelligence va si loin, que ce sont les fraisiers à racines menues et délicates, et, conséquemment, les plus propres à la première nourriture des jeunes larves, que ces mères prévoyantes recherchent de préférence. Nous avons eu des bordures de fraisiers caprons bien près d'autres bordures de fraisiers de tous les mois. En déplantant ces bordures à l'automne, nous n'avons pas trouvé un seul ver blanc dans les racines des premiers, tandis que celles des seconds étaient garnies de nombreuses larves de la dernière ponte. Nous croyons que les fraisiers attirent les pondeuses des hannetons, parce que non-seulement nous avons fait plusieurs fois la remarque que nous venons de citer; mais encore parce que, dans les deux jardins que nous avons cultivés successivement, nous n'y avons pas trouvé de larves de hannetons, ni la première, ni la seconde année; nous n'y avions point trouvé non plus de fraisiers. Dans la crainte de ces maudits *vers blancs*, et dans la prévision de nous garantir de leurs méfaits, nous avons fait de nombreuses bordures de fraisiers de toutes les variétés de cette plante, et, depuis lors, nous nous sommes vus tourmentés par cette peste. A la vérité, nos fraisiers nous en délivrent, puisqu'ils nous servent à beaucoup détruire de ces insectes à l'automne et à peu près le reste au printemps. C'est pourquoi nous cultivons nos dahlias précieux en pots jusqu'à juin, pour ne les mettre en place qu'après nous être assurés que nous sommes tout-à-fait, ou à bien peu de chose près, délivrés du fléau.

L'insecte non moins redoutable pour la culture des dahlias est encore la *courtilière*, qui les coupe au collet, seulement lorsqu'ils sont encore assez tendres pour ne pouvoir résister à ses mandibules en scie ; et au moins pendant un mois, six semaines, les jeunes dahlias y succombent s'ils sont de bouture : quand ce sont des séparages de tubercules, ou quand déjà les boutures ont formé des racines tuberculeuses un peu prononcées, le dommage peut se réparer tout naturellement par une nouvelle pousse du pied, laquelle, si elle ne subit pas le même sort que la précédente, la remplace souvent avec succès en fleurissant quinze jours, trois semaines plus tard, et moins élevée. Alors, la plante aurait subi seulement une taille accidentelle qui lui aurait été profitable, si elle avait le défaut d'une tige trop disproportionnée avec le diamètre de ses fleurs : ce sont de semblables accidens auxquels nous devons le moyen de diminuer la hauteur démesurée des dahlias.

Quoi qu'il en soit, il est rare que ces accidens

soient aussi faciles à se réparer d'eux-mêmes ; et les ravages que font les courtilières dans les plantations et les semis sont aussi déplorables que ceux du *ver blanc*, quoique celui-ci ronge également les collets et les tubercules, et cela pendant toute la durée de la végétation.

Jusqu'à présent, l'on n'a trouvé rien de plus efficace pour détruire les courtilières, selon les horticulteurs qui conseillent, que l'usage de l'huile versée à la dose d'un verre à liqueur sur le trou de la courtilière, et charriée jusqu'au fond par la quantité d'un verre d'eau versé de suite sur cette huile. Ce remède, en effet, est merveilleux, quand, par hasard ou bonheur, cette opération a lieu sur le véritable trou du refuge de la courtilière, et pendant qu'elle y est réfugiée. Mais qui ne sait pas que la *courtilière*, guidée par l'instinct de sa conservation, fait plusieurs trous pour donner le change à ses ennemis ; et que, pendant qu'elle voyage pour ses amours ou pour sa pâture, elle n'est point dans le repaire qu'indique son véritable trou ou que paraissent indiquer ceux qu'elle fait encore çà et là comme soupiraux au-dessus de ses traces ou chemins couverts?

Il arrive quelquefois à ceux qui se servent d'huile, que, pour leur coup d'essai ou première tentative, ils réussissent parfaitement. La courtilière, surprise dans son trou, se trouve de suite enveloppée par l'huile que l'eau lui a transmise ; et, comme tous les liquides gras bouchent les trachées des insectes, bientôt, privée de sa respiration, elle n'a que le temps de se précipiter hors de son trou pour y respirer l'air qu'elle ne peut plus recevoir, et, de suite, elle expire.

Au moyen de cet expédient, il ne s'agirait que de pouvoir l'employer pour se délivrer des courtilières dont un terrain peut être infesté, si l'on était toujours sûr de trouver l'insecte dans son trou, et, mieux encore, s'il n'en faisait qu'un; mais combien de fois, pour une qui réussit, verse-t-on inutilement une bouteille d'huile et plus, sans aucun succès, surtout quand on n'a pas suffisamment acquis d'expérience pour suivre avec le doigt le dessous d'une trace fraîche de courtilière, jusqu'à ce que l'on rencontre le trou dans lequel il arrive assez souvent, mais pas toujours, de l'y rencontrer, c'est-à-dire d'y verser son huile avec succès? Ainsi, le moyen, dans tous les cas, coûte trop de temps et d'argent pour convenir à tout le monde.

Le cultivateur Lémon, de la barrière de Belleville, nous avait, il y a douze à quinze ans, indiqué, comme remède certain, le semis du chanvre. Il prétendait que cette plante oléagineuse faisait déserter pour long-temps, par les courtilières, le terrain qu'elles occupaient. Il prétendait qu'en arrosant celui-ci avec de l'eau où l'on avait fait corrompre des tiges de chanvre, on obtenait le même résultat. Nous avons fait successivement ces deux expériences : la première nous a parfaitement réussi; mais, deux ans plus tard, nous avons vu reparaître les *courtilières*. La seconde expérience n'a produit aucun succès.

Semer du chanvre et le laisser croître et finir sa révolution dans un parterre est toujours chose peu agréable. On consentirait bien à une année de privation ou de désagrément semblable, si les insectes dont il s'agit de se délivrer périssaient tous ; mais, comme le moyen à employer ne produit pas de meilleur effet que de les éloigner temporairement, nous ne le trouvons pas assez efficace pour le recommander comme équivalent du sacrifice à faire pour son emploi ; néanmoins, il peut quelquefois, suivant certaines circonstances, être au moins bon de le connaître.

Le troisième moyen qu'indique l'expérience nous paraît le mieux convenir : nous y avons eu recours plusieurs fois, et il nous a toujours réussi, et notamment encore cette année 1839, où, dans dix à douze jours, nous avons détruit tout une colonie de courtilières.

A la fin de mai, comme nous nous disposions à mettre nos dahlias de réserve en place, nous avons aperçu de nombreuses traces de courtilières dans notre culture d'amateurs, et deux à trois dahlias déjà coupés au collet. Nous avons retardé de dix à douze jours notre opération projetée, et nous avons criblé notre terrain partout, et notamment entre les traces des courtilières, avec des pots vides dont les ouvertures au fond étaient bien fermées par de petits bouchons de bois, et ces pots enterrés à deux pouces au-dessous du niveau de la terre.

Pour faire cette opération avec succès, il faut pouvoir creuser la terre sans y mettre la main, y placer le pot avec de vieux gants. Lorsque celui-ci se trouve enfoncé à deux pouces au-dessous du niveau de la terre, on en couvre l'orifice en y plaçant un autre pot de plus grande dimension, qui, avec sa base, ferme bien l'ouverture de celui que l'on a placé dans la terre. Si cette terre est humide, il suffit de la rapprocher autour des deux pots ainsi emboités l'un dans l'autre, en dérangeant le moins possible le chemin des courtilières coupé juste par le diamètre ou le milieu du pot qui doit rester. On rapproche doucement la terre, et on la solidifie avec les bords d'une spatule autour du fond ou de la base du pot supérieur. Cette opération faite, on enlève ce pot du dessus en le tournant avec légèreté. Ce pot enlevé, celui qui reste enterré représente un petit puits auquel aboutissent les deux coupures du chemin des courtilières, un bon pouce au-dessous du bord.

Quand la terre est légère et en même temps sèche, on ne réussirait pas à bien former le puits; elle coulerait de suite dans le pot de dessous aussitôt que l'on aurait enlevé celui de dessus : c'est pourquoi, dans ce cas, il faut arroser doucement avec la gerbe et à plusieurs reprises, la terre autour de l'emboîtement des deux pots, et attendre qu'elle soit bien ressuyée avant d'enlever avec précaution celui de dessus. Cette opération de l'arrosement ne contribue que mieux au but que l'on se propose, puisque, dans les sécheresses, les courtilières recherchent l'humidité.

Si l'opération entière a été bien faite sans que les mains nues aient touché la terre, dans la première nuit suivante on aura déjà pris des courtilières; on en trouvera jusqu'à deux, trois et plus dans chaque pot, si elles sont nombreuses dans la culture. Les courtilières s'appellent et se recherchent comme les cigales. Il est rare qu'une, prise ou tombée dans le pot dont elle ne peut plus sortir, une seconde, sans doute le mâle ou la femelle, ne vienne y tomber également. Les souterrains que se forment ces insectes pour parcourir ne sont pas les seules voies par lesquelles se fait leur parcours. Comme les taupes, ils courent sur la terre pendant la nuit, surtout au mois de juin et juillet. Leur marche assez précipitée, alors, les empêche d'apercevoir en dessus comme en dessous de la terre le précipice artificiel dont nous parlons, et elles y tombent quand il se trouve dans la ligne de leurs courses.

Si l'on a opéré avec les mains nues, on court le risque de ne pas prendre les courtilières au piége dont il s'agit avant deux à trois jours : le gaz que les mains évaporent les fait retourner, tant qu'elles peuvent le sentir; mais ce n'est qu'un retard, rien de plus.

Sans doute le dernier moyen de destruction indiqué demande beaucoup de temps et beaucoup de soins, nous dirons même beaucoup de peines. Nous l'avons déjà plusieurs fois indiqué, mais presque toujours inutilement. Cependant, si l'on voulait bien raisonner, on finirait par concevoir que trois ou quatre jours, si même il les fallait, pour purger de ces insectes malfaisans une culture précieuse, seraient très-utilement employés et causeraient, dans tous les cas, une bien moins grande perte de temps qu'un nouveau semis à faire, une nouvelle plantation à recommencer; et un bien moins grand dommage qu'une perte de plus ou moins grande quantité de plantes précieuses que souvent même, à quelque prix que ce soit, l'on ne peut plus ou que l'on ne pourra jamais remplacer. D'un autre côté, tout bon cultivateur praticien doit savoir et sait que rien en culture ne s'obtient sans peine, et que n'est et ne sera jamais cultivateur celui pour lequel toute peine n'est pas légère, pourvu qu'il réussisse.

Nous avons dit qu'une plantation d'amateurs, comme celle des dahlias, des rosiers et de tant d'autres plantes, devait être visitée plusieurs fois par jour, afin de pouvoir prévenir, ou, au moins, réparer tous les accidens que l'expérience la plus consommée, lorsque même elle s'unit à l'activité la plus méritante, ne pouvait toujours conjurer.

Ainsi, qu'un ver blanc ou une courtilière fasse flétrir un *dahlia* vers les dix heures du matin, par un beau jour solaire : on n'a pu s'en apercevoir deux à trois heures plus tôt, lorsque l'on a fait une première revue; si l'on attend jusqu'au soir pour faire la seconde, ce dahlia sera entièrement desséché, et pourra bien, dix-neuf fois sur vingt, ne plus offrir aucune ressource pour en éviter la perte, qui, d'ailleurs, peut être irréparable. Si l'on avait fait une seconde tournée de surveillance quelques heures après la première, on pouvait arriver à temps ou pour sauver encore la plante, ou pour en faire de suite, avec la tige rongée au collet, une greffe sur tubercule, laquelle aurait très-bien pu fleurir, suivant l'époque de l'accident, un à deux mois avant les gelées, et, enfin, pour tuer le ver blanc ou la courtilière que l'on ne retrouve ordinairement plus quelques heures et même bien moins après le dommage, quoiqu'il soit toujours bien de les chercher. Nous avons plusieurs fois surpris des courtilières pendant qu'elles rongeaient un jeune *dahlia* qui ne fléchissait pas encore, mais auquel leurs mandibules, en le sciant, imprimaient une agitation très remarquable. Nous avons de suite soulevé la plante avec une bêche, et avons jeté en dehors ses ennemis dont nous l'avons ainsi délivrée; nous avons replanté aussitôt le dahlia en le couvrant quelques jours pendant le soleil; et, quoique les racines eussent été culbutées et repassées en revue, c'est à peine s'il a éprouvé, dans sa floraison, quelques jours de retard. Selon la force de cette plante, on la défend du soleil avec un pot ou un panier renversé dessus, ou avec trois à quatre piquets qui puissent la dépasser, et sur lesquels on place adroitement une toile, et, au besoin, un drap.

Les *perce-oreilles*, dits *fourchettes* en certains lieux, sont encore des ennemis très-incommodes pour les dahlias dont ils mangent les boutons et les fleurs, voire même les feuilles. On s'en défait en plaçant sur le sommet des tuteurs, des sabots de veaux, de moutons, etc. Tous les matins on visite ces sabots, dans lesquels ces insectes se retirent avant le lever du soleil. On porte avec soi un vase d'eau bouillante dans lequel on vide à mesure les sabots : ce qui économise beaucoup du temps qu'il faut pour les écraser, quand le terrain recueille ces insectes en quantité très-grande. Dans ce cas, en mettant les dahlias en place, on leur donne de suite une bonne baguette pour tuteur provisoire au bout duquel on place déjà des sabots ou onglets dont les bouchers sont communément assez généreux ; et bientôt, en se précautionnant ainsi, l'on est quitte des perce-oreilles au moment où ils sont le plus dangereux, si l'on n'a pas négligé leur destruction en juin et plus tôt.

On trouve aussi beaucoup de ces insectes dans de vieux balais que l'on place le soir sur une planche de dahlia, et dans de vieux linges, si l'on a eu la précaution de les mouiller légèrement une heure ou deux avant de les placer.

Les *colimaçons* causent aussi bien des fois de grandes contrariétés aux amateurs, surtout quand, pendant la nuit, ils ont mangé les premiers boutons d'une plante impatiemment attendue. Si les plantes sont bien détachées, en couvrant sur une largeur de cinq à six pouces le pourtour de leur collet avec de la suie ou de la cendre ou des écailles d'huîtres pilées, ou de la poussière de chaux vive, les *colimaçons* ne franchiront pas cet obstacle, tant que les pluies ou les arrosemens ne les auront point aplanis en les couvrant de terre, etc. Mais ces moyens peuvent être faciles pour quelques plantes ; et pour un très-grand nombre, ils peuvent au moins nécessiter une trop grande perte de temps.

Nous pensons que le meilleur de tous les procédés consiste à faire, dès les premiers jours du printemps, une guerre active aux colimaçons en les cherchant tous les matins pour les détruire, et tous les soirs quand il a plu, ou immédiatement après la pluie pendant la journée. En prenant, avec beaucoup de soin et d'exactitude, cette précaution, les colimaçons bien sûrement auront disparu ou seront très-rares, lors de la floraison plus ou moins prochaine des dahlias.

On peut encore, comme l'indique le vénérable abbé Faucheur, le père des pauvres de la paroisse Saint-Martin, à Metz, hâter la destruction des insectes dont il s'agit, en plaçant du son de seigle ou de blé, et même de la colle de pâte, sous de grands pots entre-baillés ; ces insectes viendront bientôt de tous les coins du jardin assister à cette curée ; et pour y revenir plus vite, ils prendront leur repos dans l'intérieur des pots que l'on a soin de mettre dans les lieux les plus abrités du jardin. On trouvera, tous les jours, sous ces pots, une foule de colimaçons jusqu'à ce qu'il n'y en ait plus.

Si toutefois l'on avait négligé ces précautions, et

que des colimaçons en fissent repentir, en rongeant quelques boutons de dahlias, il faut au plus vite se débarrasser de ces malencontreux insectes, sous peine de les voir continuer leurs mauvais offices. Quelquefois on les trouve au bas du tuteur ou de la tige du dahlia, attendant le soir ou la nuit pour retourner à leur pâture interrompue au point du jour. Souvent aussi, les meilleures et les plus minutieuses recherches sont vaines pour les trouver. Nous avons voulu, il y a quelques années, nous débarrasser d'un colimaçon, qui déjà pendant deux nuits nous avait dévoré chaque fois un bouton sur un *dahlia* reçu d'Angleterre très-tard, et auquel il ne restait plus qu'un seul des trois boutons que nous lui avions laissés pour en hâter l'efflorescence. Ce dernier bouton aurait été pâturé la troisième nuit, comme les deux précédens, si nous n'eussions pas été, vers deux heures du matin, avec une lumière, surprendre le coupable qui déjà avait entamé la dernière espérance que nous voulions conserver. Les recherches que nous avons inutilement faites, pendant deux jours, étaient des plus minutieuses et des plus persévérantes. Nous sommes bien convaincus que l'insecte avait un refuge des plus ingénieusement choisis pour sa sécurité, et que jamais nous ne l'eussions trouvé par d'autres moyens. Il n'avait laissé dans sa retraite aucune de ces traces muqueuses qui eût pu renseigner le chemin qu'il avait parcouru. Il appartenait à l'espèce moyenne, dont la coquille est grise, zébrée noir.

Un papillon de nuit, que nous n'avons jamais pu surprendre, dépose sur les dahlias des œufs peu nombreux qui ne tardent pas à éclore, et dont les chenilles croissent avec une grande rapidité, et deviennent assez grosses et surtout très-dévorantes. Quoique ces chenilles soient assez rares, du moins dans nos cultures et celles de nos amis, elles ne doivent pas moins exciter les sollicitudes et la surveillance des cultivateurs ; puisqu'elles pâturent, de préférence aux feuilles, les fleurs du dahlia, dans lesquelles souvent elles restent endormies pendant le jour, après s'être saturées toute la nuit des fleurs voisines qu'elles quittent toujours plus ou moins déshonorées.

Il suffit pour détruire cet insecte, d'ailleurs assez visible, de le chercher avec un peu d'attention. La peau en est lisse et d'un vert d'eau assez léger. Jusqu'à ce qu'il soit à sa grosseur de deux à trois lignes de diamètre, il se cache avec assez d'habileté sous le feuillage et dans des folioles enroulées, quelquefois sèches et tombées à terre ; mais pour peu que l'on mette de persévérance dans la recherche, il est rare de ne pas le trouver. Cet insecte, comme la larve du papillon grand paon, se dénonce lui-même par ses déjections ; c'est aussitôt qu'on aperçoit ces marques certaines de son existence, qu'il faut chercher à le détruire, pour en arrêter les dégâts plus ou moins fâcheux.

Nous avons parlé plus haut du tigre du dahlia ; nous le considérons comme le résultat d'une maladie, causée par la misère d'un dahlia qui souffre d'une privation quelconque. Nous en jugeons ainsi, parce que cette maladie qui produit les myriades de ces insectes ni ces insectes eux-mêmes ne se communiquent point à un dahlia très-voisin, placé et organisé plus avantageusement ; et surtout, parce que, comme nous l'avons dit plus haut, si l'on surveille bien ses plantes, et qu'aussitôt qu'un *dahlia* souffre et s'arrête déjà atteint par les insectes que produit sa sève altérée, l'on a soin de le dépouiller de ses feuilles, d'en bien améliorer la terre et d'arroser au besoin, la maladie et les insectes disparaissent bientôt.

Cette même maladie, causée d'abord par la maigreur du sol, que rendent si funeste les longues sécheresses de certains étés, finit par céder aux pluies abondantes qui succèdent toujours nécessairement à cette calamité, et souvent la remplacent par une autre.

MULTIPLICATION DES DAHLIAS.

SÉPARAGES DE TUBERCULES.

On multiplie ces plantes au printemps par le séparage de leurs tubercules. Selon que l'on est plus ou moins pressé, on attend que ces tubercules poussent tout naturellement pour en séparer les jets auxquels on conserve toujours avec soin tout ou partie d'un tubercule. On place ces séparages en pots, et on les soigne dans ces vases, jusqu'à ce que l'on puisse les mettre à demeure dans la pleine terre sans les risquer ou exposer aux gelées tardives.

Si l'on veut marcher plus vite, on plante à la mi-février les tubercules dans une couche tiède et sous châssis : on couvre ces châssis et on leur donne de l'air selon les variations de la température : bientôt les dahlias se mettent en mouvement, et les jeunes tiges sortent de leurs collets, et peuvent facilement se séparer.

On pourrait encore, si l'on voulait en courir les chances, faire cette opération en bâche au mois de janvier : mais alors il faut beaucoup plus de soins et de précautions. Si le mauvais temps s'oppose à ce que l'on puisse donner de l'air et nécessite en même temps de beaucoup chauffer, on risque de causer aux premiers germes un étiolement que l'on ne peut corriger qu'en perdant plus de temps, et encore avec moins de succès, que si l'on avait eu quatre à cinq semaines de patience de plus. Les cultivateurs expérimentés savent très-bien aussi que les multiplications les plus précoces ne sont pas toujours ni les meilleures, ni les plus vigoureuses.

BOUTURAGE.

On multiplie aussi les dahlias par *boutures*. On plante les pieds en pots, mis dans la tannée, ou tout simplement on les plonge dans cette tannée sous bâche ou châssis, ou dans une bonne couche aussi sous châssis ; pourvu toutefois que les couches ne soient pas assez chaudes pour brûler les dahlias, comme il arrive quand l'inexpérience, pour aller plus vite, ne sait pas attendre qu'une couche quelconque ait évaporé ses plus ardentes chaleurs, c'est-à-dire celle qui dépasse vingt-deux degrés et plus Réaumur, ou qui ne permet pas que l'on puisse conserver dans sa main, aussitôt qu'elle en est sortie, la pointe d'un bâton plongé depuis au moins cinq à six heures dans le sein de cette couche.

La plantation des dahlias pour boutures peut se faire en janvier, février et mars; et suivant que la température et surtout le soleil seront propices, les jets de dahlias seront aussi plus hâtifs. Il faut, soit qu'on les mette en pots, soit qu'on les mette à nus dans une couche de bâche et sous cloche, ou dans une couche sous châssis, que leurs collets se trouvent juste à la superficie de la terre, si l'on veut opérer avec plus de succès et de plus heureux résultats pour le nombre des individus à multiplier.

On surveille attentivement les pousses ou bourgeons qu'émettent les tubercules; et aussitôt que ceux-ci ont déjà deux à trois pouces, on les ampute au-dessus de la première articulation de l'empâtement de leur insertion sur le collet de la mère-plante. On place au plus tôt cette bouture dans un petit pot; les plus petits sont les meilleurs : les nôtres sont à peine comme un gros dé à coudre. Ce vase est rempli avec de la terre de bruyère ou du sable blanc; la bouture, au lieu d'en occuper le centre, est placée près du bord. Avant de la placer, on comprime avec le pouce, autant que possible, la terre, au point que la bouture ne peut y entrer qu'au moyen d'un trou percé avec un petit poinçon en bois ou un clou. La base de la bouture introduite à deux lignes de profondeur dans l'ouverture qui lui est préparée, on referme celle-ci avec le pouce. Des dames qui voudraient bouturer pourraient se servir d'une petite spatule pour remplir leurs pots et faire donner à l'extrémité supérieure de cette *spatule* la forme d'une petite demi-lune, bien plane, et du diamètre de six à sept lignes, avec laquelle elles presseraient cette terre après en avoir empli les godets. En faisant terminer aussi en petit carré le poinçon avec lequel se fait l'entrée de la bouture dans le pot, elles pourraient encore presser avec la tête de ce poinçon la terre autour de la bouture; le tout sans exposer leurs mains ni à se durcir, ni à se gâter par le maniement de la terre.

Les boutures ainsi disposées, on les place dans la tannée *, sous une cloche, avec l'attention de les tourner de manière à ce que les tiges ne se touchent point, et à ce que les feuilles, si déjà elles en ont, ne puissent se mêler les unes dans les autres. Nous mettons sous une cloche ordinaire soixante-dix à soixante-quinze boutures ainsi faites. Nous donnons, pour les boutures, la préférence aux pousses les moins fortes ou épaisses, parce que celles-ci prennent racines en dix-sept à vingt et un jours, depuis mars

* De la tannée, du terreau, du sable, peu importe, pourvu que ce soit dans une couche tiède.

jusqu'à la mi-mai : plus tôt, elles reprennent moins vite ; plus tard, c'est encore beaucoup plus long, et souvent pas du tout, dans les serres à boutures.

Les gros jets ou bourgeons mettent quelquefois plus de six semaines à prendre racine. On arriverait plus vite à les pincer, pour leur faire donner eux-mêmes plusieurs boutures, qui réussiraient mieux chacune que leur devancière ; et au lieu d'une, on en ferait ainsi, et avec plus de succès, quatre ou cinq.

Nous avons dit qu'il fallait couper les boutures immédiatement au-dessus de leur talon ou empâtement, afin de laisser au bas de celui-ci les germes ou rudimens de germes, ou bourgeons qui s'y trouvent toujours. Ces germes se prononcent et se développent assez rapidement après les boutures ainsi amputées, et dix à quinze jours plus tard, au lieu de rien, si l'on avait amputé le talon de la première bouture, on obtient encore deux jusqu'à quatre et plus, de nouvelles boutures qui rattraperont la première pour l'époque de la floraison. En coupant de même les secondes boutures, et ainsi de suite, on peut lever et faire avec succès, sur un même pied de *dahlia*, lorsqu'il est vigoureux, au moins une cinquantaine et plus de boutures, pour le mois de mai ; si l'on a commencé fin de janvier.

Ces multiplications si abondantes ne conviennent bien qu'au commerce et aux amateurs à nombreux amis et correspondans. On arrive assez tôt quand on n'a besoin de dahlias que pour soi et peu d'amis, en attendant la mi-mars, pour faire pousser ses tubercules ou sous cloches au pied d'une muraille exposée au midi, et même sans cloches, sauf à les couvrir avec des paillassons dans les mauvais jours ou circonstances. Il arrive maintes fois que des tubercules détachés ont plusieurs jets assez embarrassans pour les partager. Dans ce cas, on ampute avec leurs talons les jets superflus, on les bouture en petits pots, même moins petits que ceux que nous recommandons aux grands multiplicateurs. On place ces petits pots en terre au pied d'une couche ou auprès d'un mur au midi, sous une cloche que l'on a soin de bien ombrager au soleil, et ces boutures, avec talon, remplissent de racines leurs pots dans dix à quinze jours, si elles sont bien soignées.

Après avoir fait et placé les boutures en godets, sous cloche, dans une bâche ou serre à bouture, entretenue de six à dix degrés de chaleur, quand le soleil ne donne pas, il faut les soigner très-attentivement, jusqu'à leur reprise. Ces soins consistent dans une revue répétée deux à trois fois par jour, afin, selon les circonstances, d'essuyer avec une éponge l'intérieur des cloches, lorsque les vapeurs de la couche les tapissent ; d'arroser les petits pots qui se sèchent les uns plus vite que les autres, et de les bassiner tous légèrement, lorsque tous commencent à perdre ensemble cette humidité légère qu'il faut leur maintenir, sans néanmoins jamais la forcer ; si l'on ne veut pas exposer les boutures à pourrir au collet, au lieu de prendre racines. Ce n'est pas trop de visiter par jour deux à trois fois ces boutures, non-seulement pour leur donner ces soins à propos; mais encore pour faire ombrager à temps la bâche ou les cloches, quand le soleil devient assez ardent pour les brûler ou les fondre, s'il y a trop d'humidité sous ces cloches; pour changer de place toutes les boutures et leurs cloches, aussitôt que l'on aperçoit que des champignons, ou une trop grande humidité locale, ou des larves de scarabés, etc., nécessitent ce changement, faute duquel souvent une clochée peut être compromise.

Si l'on a pris tous ces soins, on remarque au dix-huitième et au vingtième jour, sous chaque cloche, beaucoup de boutures dont la sommité s'ouvre et commence à se développer : ce sont celles qui ordinairement ont déjà projeté des racines.

Si l'on n'a pas encore acquis assez de souplesse et de légèreté dans la main pour prendre ces pots, sans déranger les boutures des pots voisins, il faut déplacer ceux-ci avec ménagement et les poser en-dehors de la cloche, pour arriver sans accident à lever les autres que l'on veut visiter. On renverse ceux-ci, de manière à ce que la bouture soit contenue à sa base, entre les deux extrêmités des doigts que l'on nomme index et annulaire, et l'on secoue le godet en frappant ses bords avec adresse sur l'arrête du coffre de la couche. La bouture en sort avec sa terre et présente de suite ses petites racines blanches en dessous ; alors on la place sans la déranger dans un autre pot de double dimension. Après avoir rempli de terre ce second pot, on y fait, avec le pouce, un trou dont un côté du diamètre arrive au milieu de ce pot et l'autre sur le bord. On coule dans ce trou la bouture reprise, avec l'attention de la tourner en dedans, et de cette manière elle s'y trouve placée juste au centre. Pour peu que l'on pratique, on aura bientôt une habitude qui rendra toutes ces petites opérations très-faciles et très-rapides, en même temps que l'œil acquerra un tact de justesse qui équivaudra aux meilleurs instrumens de géométrie.

On peut encore se dispenser de creuser avec son pouce la terre du second pot, à donner à une bouture reprise, en faisant tourner un cône en bois, de la même dimension que celle des petits pots à bouture. On percera avec ce cône, qui bien entendu sera tourné au bout d'un petit manche, la terre du second pot, entre le bord et le centre ; le trou fait, en y plaçant la bouture tournée en dedans, elle se trouvera juste au milieu ; il suffira d'une légère pression pour l'y bien assurer ou la maintenir.

Les boutures qui ont déjà suffisamment de racines pour être ainsi rempotées, c'est-à-dire celles dont les racines remplissent plus ou moins leur godet, se placent de suite sous cloche ou sous châssis, sans leur donner de l'aïr pendant trois à quatre jours, après lesquels on leur donne de l'air peu à peu, pour les y habituer, jusqu'à ce que l'on en dispose d'une façon quelconque, soit en les expédiant, soit en les mettant en place; sauf à les mettre encore dans de plus grands pots, si l'on se propose de ne les mettre en place que beaucoup plus tard.

Suivant que des boutures rempotées doivent attendre plus ou moins long-temps une destination, il faut veiller à ce que, au lieu de souffrir de cette attente, elles en profitent au contraire pour se fortifier davantage. Le seul moyen d'atteindre ce but est, une fois bien reprises et rempotées, de leur donner le plus d'air possible afin qu'elles ne s'étiolent ou ne s'effilent pas, et d'empêcher, en même temps, que pendant le jour le soleil ne les brûle, ou que les gelées tardives ne les tuent ; c'est-à-dire que, suivant les circonstances, il faut ombrager et couvrir ou garantir à propos.

Après avoir fait sa revue d'une clochée de boutures, et mis de côté, pour les placer dans de plus grands pots, celles dont les racines sont bien prononcées, on replace sous la cloche celles qui n'ont point encore de racines. On profite de cette première revue, qui se fait vingt-un à vingt-cinq jours après avoir fait ces boutures, pour remanier la tannée ou le sable, soit avec la main, soit avec la petite spatule, avant d'y remettre en place les boutures qui ne seraient pas encore reprises.

Nous avons remarqué bien des fois que l'impatience causait beaucoup de retard à la reprise des boutures, surtout quand on voulait trop tôt ou trop souvent s'assurer si elles avaient racines ; et que, pour cela, il fallait renverser les godets et conséquemment mettre à l'air les bourrelets de ces jeunes boutures. Notre honorable confrère M. Boisgiraud, de Toulouse, a bien, l'un des premiers, non-seulement imaginé, mais encore exécuté le bouturage en petits godets de verre, semblables pour la forme et la dimension à ceux de terre cuite, dont nous nous servons. Nous avons trouvé l'invention très-avantageuse ; nous nous en sommes servi avec le même succès que nous obtenons des autres ; et nous leur reconnaissons une supériorité sous ce rapport qu'ils conviennent beaucoup mieux aux cultivateurs ou qui ne savent pas être assez patiens, ou qui sont trop pressés.

L'on n'est pas toujours à même de couper des boutures soit avec talons sur les nouvelles pousses, soit seulement au-dessus de ce talon. Ainsi, dès la fin de juillet, ou le commencement d'août, l'on peut encore faire avec succès des boutures comme au printemps ; ces petites boutures bien soignées reprennent encore assez vite, et donnent de petits tubercules qui, l'année suivante, font aussi d'excellens individus ; sauf à les mettre dans une serre douce en novembre, pour mûrir leurs petits tubercules, si l'on s'y était pris un peu tard pour bouturer. Dans ce cas, pour boutures, il faut choisir de jeunes pousses, dont le bois ne soit pas trop fort et encore moins creux, si l'on veut réussir. Ces boutures doivent être coupées à une ou deux lignes au-dessous des feuilles opposées à leur base. Elles iront encore plus vite, si l'on peut les détacher d'une branche avec leur talon bien arrondi et comprenant à sa base les rudimens d'un œil en dehors. Ces boutures de la deuxième moitié de l'été se font comme celles du printemps, à cette différence près, qu'il n'est pas besoin de couche chaude ou de chaleur artificielle et que des cloches ombragées suffisent.

Dans toutes les plantes qui, entre la base de leurs feuilles et leurs tiges ou rameaux, que l'on nomme les aisselles, présentent des *gemma* vulgairement appelées *yeux* ou *boutons*, on peut considérer ces *gemma* comme des germes ou semences de ces mêmes plantes. La seule différence entre ce que nous appelons semences ou graines et les *gemma* consiste en ce que généralement les premières pour germer, croître et accomplir leur révolution, veulent d'abord le sein de la terre; tandis que les *gemma* germent, croissent et accomplissent leur révolution sur les rameaux ou tiges sur lesquels la nature les fait naître. Ils y reçoivent, comme les semences, les mêmes alimens que la terre fournit à celles-ci; seulement la plante sur laquelle naissent les *gemma* pour la continuer est l'intermédiaire par laquelle ils reçoivent la même nutrition.

Nous ferons observer que dans les plantes à nombreuses variétés, leurs semences reproduisent rarement leur mère sans variantes; tandis que dans les *gemma*, soit qu'ils restent sur la plante-mère, soit qu'on les en détache pour les bouturer, ou après les avoir marcottées, ou enfin comme éclats, turions, drageons, etc., c'est toujours identiquement la mère que ces *gemma* reproduisent; et quand très-rarement ces multiplications présentent des différences accidentelles, plus rarement encore ces différences accidentelles sont constantes, malgré les efforts de l'art ou de la culture pour les fixer.

Nous ferons encore observer qu'un *gemma* laissé sur sa plante-mère ne s'y développe qu'en raison de la part relative que lui fait la sève de cette même plante; tandis que, détaché par le bouturage, il se développe avec toute la force naturelle à cette dernière, c'est-à-dire qu'il devient plante-mère lui-même au lieu de n'être qu'une plante partielle ou secondaire.

Ce sont les cultivateurs qui avaient des yeux attentifs et intelligens, auxquels nous devons les observations précédentes. Il leur a suffi de trouver dans le sein de la terre à la mi-printemps quelques tailles d'arbres ou d'arbustes, enterrées de suite par un labour d'automne ou tout autre accident. Ces mêmes tailles alors ont dû révéler que leurs boutons ou *gemma* étaient de véritables semences, puisque ceux-ci avaient germé et passé en terre absolument comme des semences et présentaient déjà tous les organes nécessaires pour constituer des individus complets. C'est par suite de ces remarques que l'on multiplie les *saules* dans nos climats, la *canne à sucre* dans les contrées équatoriales, etc.

La science a poussé plus loin ses observations: elle a considéré que généralement la nature commençait par constituer les racines d'un végétal ou ses rudimens, et sa tigelle ou tige immédiatement après. Elle a considéré que la terre était l'élément indispensable aux racines et l'air celui des autres organes ; mais que la terre et l'air n'étaient rien pour les végétaux sans la chaleur, la lumière et l'humidité, puisque ce n'est qu'au printemps, lorsque le retour du soleil et des pluies douces anime l'un et l'autre des deux principaux organes, que la végétation marche et se développe en raison des combinaisons plus ou moins favorables de l'humidité, de la chaleur, etc. Par suite de toutes ces observations, elle est arrivée à faire des boutures beaucoup plus vite et plus sûrement avec des fractions de tous les végétaux dont l'organisation pouvait s'y prêter, en combinant avec art les moyens de donner avec plus de constance et de régularité à ces boutures les circonstances favorables à leur reprise.

Ainsi une bouture qui déjà représente une plante toute faite, moins les racines, est dans les conditions les plus défavorables pour en prendre à l'air libre et surtout à une exposition solaire. Faite même à l'ombre, elle aura trop souvent à surmonter la tendance de la sève qui lui reste ; et celle-ci s'épuisera en montant au sommet : on pourra croire un moment qu'elle prospère, alors qu'elle marche plus vite à son dépérissement. Ces leçons, souvent répétées, ont amené à découvrir qu'il fallait priver les feuilles et les tiges de l'élément qui les faisait prospérer, c'est-à-dire de l'air libre ; on a donc couvert les boutures avec des cloches pour les priver d'air ; et alors la sève, au lieu de s'élancer à l'extérieur, s'est refoulée au sein de la terre où elle ne pouvait se développer qu'en racines, et elle en a formé ; et quand, ces racines formées, la sève n'a plus trouvé, faute de rendre l'air à temps, les moyens de se combiner entre les racines et les organes extérieurs, la plante a fini par se décomposer. Cette nouvelle leçon a encore éclairé l'expérience sur l'à-propos de la restitution de l'air comme sur celui de sa privation. D'un autre côté, l'on a remarqué que, si la privation de l'air était très-utile au développement des racines quand elles manquaient, ce développement était aussi plus ou moins tardif en raison de ce que le sein de la terre était à une température plus ou moins favorable; on a pu, et l'on a voulu suppléer à l'inconstance et à l'inégalité de cette température, par le moyen des couches de feuilles ou de fumier dont la fermentation, suivant qu'elles sont bien combinées, non-seulement échauffe le sein de la terre, mais encore la fertilise par des vapeurs à la fois bienfaisantes et alimentaires pour les racines des végétaux et successivement pour les organes extérieurs. Les premiers qui ont ingénieusement eu recours à ces moyens ont encore fait l'expérience qu'en plaçant leurs boutures ou d'autres plantes sur ou dans une couche trop chaude, ou dont la chaleur excédait celle de la terre, elles y brûlaient; il leur a donc fallu, outre la privation d'air, connaître encore le degré de chaleur convenable et le calculer. Indépendamment de ces deux circonstances, force a encore été de calculer de même le degré d'humidité nécessaire à la végétation, puisque le trop peu la fait languir et s'éteindre, tandis que le trop la décompose. Ce n'est donc qu'à force de réfléchir et de tâtonner que l'on est parvenu à savoir :

1° Que des boutures de toutes plantes doivent être considérées comme une plante dans laquelle il fallait arrêter, par la privation d'air, le travail de la sève dans les organes extérieurs ou aériens, et provoquer ce travail exclusivement au profit de la radication de l'œil (ou des yeux s'ils sont opposés), lequel doit être très-près de la coupe qui fait la base de cette bouture ; afin que les radicules trouvent au plus vite le sein de la terre en sortant de la base de ce *gemma*.

2° Qu'une bouture reprend d'autant mieux et plus vite, que par sa capacité ou son développement l'équilibre entre les racines une fois prononcées et ses organes supérieurs, sera plus tôt et plus facilement établi, comme le prouvent les plus petites boutures de *dahlia*, *rosier*, etc., auxquelles quinze à vingt jours suffisent, tandis qu'aux plus fortes cinq à six semaines souvent ne suffisent point : aussi les hommes d'expérience se contentent-ils souvent de faire des boutures avec un *œil* ou *gemma*, protégé par une seule feuille dont la sève refoulée hâte le développement des racines de ce *gemma*, lorsqu'il est placé comme semence à une ligne ou deux sous la superficie de la terre fortement pressée à l'entour. Ces boutures rattrapent et même souvent dépassent les autres.

3° Qu'une bouture ainsi coupée à une ligne audessous du *gemma*, simple ou opposé à deux, ou amputée avec un empâtement léger où déjà sont arrêtés des *gemma latens* et seulement indiqués par une légère protubérance ou caroncule, ou par la pointe de ces *gemma* selon qu'ils peuvent être plus prononcés à raison du temps, etc., qu'une telle bouture ainsi disposée, disons-nous, se trouvera dans toutes les circonstances les plus favorables pour sa parfaite et prompte reprise, c'est-à-dire pour sa radication depuis février jusqu'au commencement de mai, toutes les fois que, plantée soit dans et avec un pot de très-petite dimension et rempli de *terre de bruyère* ou de *sable blanc*, bien serré sur le collet de la bouture ou à même semblable terre, à laquelle la couche donnera seulement une douce température de dix à quinze degrés, maximum vingt; et enfin sous une cloche qui suspende pour ces boutures l'action de l'air libre sans les priver de la lumière, à l'exception de celle trop vive et brûlante des rayons du soleil, soigneusement tempérée par des *toiles*, *canevas*, ou *claies* en osier ou *nattes*, etc., que l'on retire aussitôt que ces couvertures deviennent inutiles, c'est-à-dire quand le soleil les a quittées.

4° Que pour suppléer encore les rosées ou pluies chaudes si profitables à la végétation, on bassine ou arrose très-légèrement ces boutures suivant les circonstances qui rendent ces arrosemens plus ou moins souvent nécessaires; et ils le sont toutes les fois que leur terre cesse d'être légèrement humide, état dans lequel on veille attentivement à la maintenir, sauf à arroser peu et souvent une à deux fois par jour quand l'air extérieur est sec, et à ne pas les arroser du tout si les vapeurs de la couche suffisent pour entretenir humide la terre de ces boutures, et même à essuyer tous les matins avec une éponge l'intérieur des cloches si l'humidité trop abondante s'y attache.

5° Que cette culture dans laquelle l'expérience fera toujours de plus grands et rapides progrès à mesure qu'elle s'exercera davantage, pour peu que d'ailleurs elle soit aidée par un esprit d'observation uni à tant soit peu de jugement ou de perspicacité, n'a d'autre but que celui de donner aux végétaux une série continue et sans aucune saccade de toutes les conditions et circonstances favorables que dans nos climats surtout la nature ne leur dispense pas avec la même régularité, la même constance. C'est parce qu'il en est ainsi que pour une bouture que d'heureuses chances feraient réussir à l'air libre, il faut trois fois moins de temps pour en obtenir des milliers par la culture artificielle, lorsqu'elle est à la fois bien conduite et non moins bien conçue. Mais il ne faut point oublier que si trop de chaleur, trop de sécheresse, trop de lumière, trop d'humidité, trop de refroidissement, trop d'air font manquer la reprise des boutures ou leur radication, ces boutures ne sont pas encore sauvées, par cela seul qu'elles ont atteint par des racines le complément que l'on voulait obtenir. Sans doute, c'est bien opérer que de les placer de suite avec habileté, comme nous l'avons dit, chacune dans un vase plus grand, de les replacer de suite deux à trois jours sous des cloches ou des châssis fermés et ombragés, comme si elles avaient encore des racines à obtenir, et de les y soigner de même afin que les racines faites soient encore forcées par la privation d'air de pénétrer et de se développer dans la terre de leurs vases nouveaux; mais il ne faut pas perdre de vue alors le danger que l'on court, si, après ces deux à trois jours, on ne prévient pas leur étiolement par une attention bien exacte, bien suivie pour leur rendre ou donner l'air libre, et les y accoutumer le plus tôt et le mieux possible d'après les circonstances atmosphériques. Nous voulons dire qu'une fois les boutures reprises, la privation d'air ou l'air trop concentré avec chaleur ne peut plus que leur nuire. Il leur faut le plus d'air libre possible après les y avoir accoutumées avec mesure sous châssis entr'ouverts et ouverts ou dans une orangerie; enfin, il faut encore veiller à ce que ces jeunes plantes ne puissent être compromises par les froids du printemps, c'est-à-dire par une température au-dessous de trois à deux degrés Réaumur; sauf à les tenir près du jour dans une pièce fermée et à les y soigner tant que l'air extérieur pourrait leur être nuisible, et à leur donner cet air par l'ouverture des croisées dans tous les momens où la présence du soleil élève la température au-dessus du *minimum* que redoutent les dahlias, et ce minimum est un à deux degrés seulement au-dessus de *zéro-Réaumur*. Nous estimons si peu une bouture étiolée que nous ne la considérons plus que comme une plante à modifier, soit par un nouveau bouturage, soit en la greffant elle-même sur tubercule, le tout sans un résultat jamais bien satisfaisant.

Avant de terminer cet article sur les boutures, nous dirons qu'une bouture coupée au-dessous de ses deux dernières feuilles et sur bois plein et non creux, met pour sa reprise ou sa radication quelques jours de plus qu'une bouture coupée avec collet ou empâtement sur le collet d'un tubercule ou d'une tige ou d'un gros rameau; parce que dans cet empâtement se trouvent plusieurs germes ou gemma qui augmentent d'autant les chances et la facilité de la radication et aussi procurent conséquemment des racines plus abondantes, lesquelles donnent aussi plus de vigueur aux individus; puisque cet empâtement lui-même est une fraction de racine faite.

Nous dirons enfin qu'en mettant une bouture vigoureuse en place au mois de mai et en la plantant de manière à ce que les deux yeux ou feuilles les plus rapprochés du collet se trouvent à trois bons pouces dans la terre, on aura bientôt trois tiges. Quand les deux dernières auront sept à huit pouces et même quinze, si on les ampute toutes deux près de la tige-mère, pour tripler cette bouture, il suffira de planter de suite ces deux tiges en bonne terre et en place, de les couvrir avec un pot ou une cloche ombragée au soleil pendant dix à douze jours, de les arroser et de leur donner ensuite de l'air après le coucher du soleil pendant quelques jours, et de les couvrir avec un panier, ou pas du tout, suivant les circonstances. Si les deux tiges amputées ont déjà leurs collets blanchis par la privation d'air, comme cela se trouve dix-neuf fois et plus sur vingt fois, et qu'elles ne soient point négligées dans les soins que nous indiquons, le succès en sera toujours certain.

MULTIPLICATION PAR GREFFES SUR TUBERCULES.

La connaissance des greffes herbacées QUE NOUS DEVONS AU VÉNÉRABLE BARON DE TCHOUDY*, qui en a publié la découverte en 1813, à Metz, par un mémoire imprimé chez Antoine, a été appliquée d'abord avec succès au *dahlia*; mais M. Blake, célèbre horticulteur anglais, a le premier tenté la greffe des branches de dahlia sur les tubercules. Il a parfaitement réussi. Cette ingénieuse idée, toute simple qu'elle soit, n'a pas moins de mérite pour cela; tout le monde sait que les moyens les plus simples ne sont pas ceux qu'ordinairement l'intelligence humaine conçoit le plus facilement ou découvre le plus vite.

M. Blake a encore fait mieux que concevoir une chose utile, il l'a publiée : c'est-à-dire que les horticulteurs de tous les pays lui doivent des actions de grâces et des remerciemens; puisque par cette publication, il s'est acquis de très-justes droits à leur

* Un des *Robert Macaire* de la science, etc., a osé s'approprier aussi, plus de vingt ans après sa publication, cette ingénieuse découverte. Nous offrons, à qui voudra vérifier cet odieux mensonge, la communication du mémoire imprimé du vénérable baron de *Tchoudy*.

reconnaissance ; et, pour notre compte, nous le prions de vouloir bien agréer les nôtres que nous consignons ici bien cordialement.

Nous ajouterons que c'est encore bien certainement à la découverte de M. Blake qu'est due l'idée de greffer aussi comme les dahlias, les pivoines sur les tubercules, opération qui a réussi parfaitement et que l'on n'a tentée que depuis la publication noble et désintéressée de la découverte de cet habile horticulteur.

Sur tubercules on peut greffer les dahlias pendant toute l'année, même l'hiver ; pourvu, toutefois, que l'on entretienne leur végétation dans une serre chaude constamment maintenue de dix à quinze degrés, et que l'on y ait une couche dont la chaleur interne soit de quinze à vingt degrés Réaumur, pour y placer sous cloche les greffes, à mesure qu'elles sont opérées.

Cette culture d'hiver nécessite beaucoup de temps, de soins et de dépenses. Elle ne convient qu'aux commerçans qui ont besoin de multiplier beaucoup l'hiver, et d'obtenir de leurs greffes et boutures précoces des rameaux en quantité, pour en faire force boutures nouvelles, en mars et avril ; afin de pouvoir suffire aux plus ou moins nombreuses commandes qui leur sont faites depuis l'automne, quelquefois jusqu'en juin suivant.

On greffe de plusieurs manières les dahlias sur tubercules, aux trois fins suivantes :

La première, dans l'intention d'obtenir une plante

qui fleurisse plus ou moins tôt et très-bien, mais sans laisser, après sa révolution terminée, aucune ressource pour se reproduire de ses racines l'année suivante.

Pour obtenir ce résultat, on insère dans un tubercule une greffe dont la base se trouve le plus éloignée possible des deux yeux ou feuilles qui la précèdent, et bien entendu sans aucun rudiment de *gemma*; c'est-à-dire sans boutons, feuilles ou bourrelets.

De cette manière, la base nue de cette greffe se marie très-bien avec le tubercule. Ainsi, les fonctions des organes intérieurs et extérieurs se trouvent en parfaite correspondance durant toute la bonne saison; mais une fois la révolution terminée, la tige meure communément tout entière, et le tubercule ne conserve rien qui puisse en reproduire des héritiers l'année suivante.

Nous avons quelquefois reçu des dahlias modifiés de cette manière. C'est ainsi que le sont même la plupart de ceux qui courent en fleurs les rues pour trouver marchands, surtout lorsque ces dahlias sont de très-belles plantes. Séduits par leurs belles fleurs, beaucoup de gens les achètent en s'émerveillant à la fois de la beauté de ces plantes et de la modicité du prix. Au surplus, dans ce cas, la plante, qui ne dure que cette année, a été la juste compensation de l'argent donné en échange. Il n'en est plus de même, si, modifiée de cette manière, elle a été livrée comme bouture ou plante entière, et payée en conséquence; dans ce cas ce serait un vol.

Dans tous les cas, en examinant au collet un dahlia, il est très-facile de reconnaître d'abord s'il a été greffé sur tubercule, et ensuite de vérifier si cette greffe a été faite dans la condition de la rendre annuelle. Dans cette circonstance, et suivant le mois et l'état de l'atmosphère, on fait à volonté de ces dahlias des greffes à tubercules poussant avec leur tige, ou des boutures avec lesquelles, l'année suivante, on peut le reproduire même à l'infini, quand cela convient.

La seconde fin de la greffe, selon qu'elle est opérée, réduit du tiers à la moitié de son développement un *dahlia* auquel on veut de moins grandes dimensions dans la hauteur et les ramifications de ses tiges.

Tous les cultivateurs de *dahlias* savent très-bien qu'en plantant au printemps un germe avec tubercules, ils obtiendront une plante développée avec toute ses dimensions naturelles et relatives, si d'ailleurs il reçoit, bien entendu, terre et soins convenables. Ils savent aussi qu'une bonne bouture coupée sous les aisselles de deux feuilles et bien soignée fera bientôt autour de la coupe un bourrelet, duquel partiront en tous sens nombre de racines bientôt tuberculées, et qu'à la différence de précocité, si la bouture est la même variété, elle donnera, placée et cultivée pareillement, des résultats semblables aussi bien même en plus qu'en moins; puisque la bouture peut, suivant les circonstances, donner des tubercules plus vigoureux et aussi en plus grand nombre.

Si, par la greffe, on modifie un *dahlia* de telle sorte qu'il ne puisse faire d'abord et plus lentement qu'un seul tubercule, et plus tard et plus difficilement quelques autres, mais toujours moins forts et nombreux que dans les deux modifications précédentes, on acquerra facilement la conviction que ce *dahlia*, bien certainement, n'aura point les mêmes dimensions des deux individus modifiés, comme nous venons de le dire, encore bien qu'il procède de la même variété.

On obtient encore ce résultat, en coupant la base de la greffe d'un *dahlia*, de manière à ce qu'elle représente un bec de flûte avec un bouton en dessus et à l'extrémité inférieure de cette base, le bouton opposé ayant disparu par l'entaille du bec de flûte. On glisse cette greffe jusqu'au fond de la fente opérée en conséquence sur le tubercule. L'œil ainsi descendu entre les écorces soulevées du tubercule pousse en racine en même temps que le collet de la tige de la greffe se fortifie dans le tubercule nourricier, qui tantôt périt, après avoir favorisé et hâté la perfection d'une nouvelle plante, tantôt adhère avec ses racines et devient très-volumineux, quoiqu'il s'oppose long-temps, quand la greffe est bien faite, à ce que ses racines naturelles ou tubercules puissent se former en aussi grand nombre, ni se développer aussi fortement que dans une bouture, etc., puisqu'il fait obstacle à la moitié et plus du collet de la greffe, sur lequel ou duquel partent les racines ou tubercules.

Nous avons eu différentes fois recours à cette greffe dans le but proposé, parce que, d'après la théorie, le résultat devait en être certain ; mais, comme le savent parfaitement les praticiens, la théorie reçoit assez souvent de rudes soufflets donnés par l'expérience. Dans ce cas-ci, nous pouvons assurer qu'elles sont heureusement d'un accord parfait.

Cette même greffe est également préférée en septembre-octobre, pour obtenir plus vite un ou des individus parfaits, avec le ou les rameaux d'un *dahlia*, dont on veut posséder la variété contre toutes chances, ou, si l'on veut, la multiplier à volonté. Pour favoriser le développement de la racine de ces greffes, si elles sont faites tardivement, on a soin d'en pincer la tige au sommet, afin d'éviter à la sève la dépense qu'elle ferait en rudimens de boutons à fleurs, et d'économiser cette dépense au profit de la formation du tubercule.

La troisième fin de la greffe sur tubercule est de hâter un dahlia beaucoup plus vite qu'il n'est possible de le faire avec une bouture, et souvent de réparer un accident qui, à part ce moyen, n'offrirait plus de ressources ou de compensations.

Dans ce cas, la greffe se taille en coin : on laisse, avec un ruban d'écorce, les deux yeux opposés sur chacun des côtés de la base de la greffe, et on l'insère ainsi dans la fente pratiquée sur le tubercule. Ces deux yeux poussent en racines tuberculeuses, beaucoup plus vite que ne peut le faire une bouture à laquelle il faut le temps de former son bourrelet, de pousser ses racines, etc., ce qui demande au moins un mois, cinq semaines de plus qu'une greffe, qui dans sept à huit jours est reprise, et, immédiatement après, pousse avec une grande vigueur, puisqu'elle est alimentée par un tubercule tout formé et déjà plus ou moins gros, etc.

Maintenant, disons que les praticiens opèrent leurs greffes de différentes manières, et que la meilleure est relative. Celui-là, selon nous, possède toujours la meilleure, n'importe, pourvu qu'elle soit celle qui lui réussisse le mieux.

Les uns prennent un bon tubercule, en coupent la tête, y font ensuite une fente longitudinale, longue d'un pouce environ, et profonde de six à huit lignes; et, dans cette fente, qu'ils tiennent entr'ouverte au moyen d'une petite lame de bois bien unie, et taillée en coin très-mince et assez étroit, laquelle lame ils introduisent avant de retirer tout-à-fait la lame du greffoir, ou canif, ou scalpel qu'ils emploient pour faire l'incision; cette dernière lame, qui doit toujours être très-incisive, doit aussi favoriser l'entrée du petit coin de bois.

Cette greffe qui, à plus de légèreté ou de délicatesse près, est absolument une greffe en fente, s'exécute de même. On ne laisse aucun œil ni en dedans, ni en dehors du bas de la greffe taillée en coin, lorsqu'on ne veut faire qu'une plante annuelle; un seul *œil* quand on veut un *dahlia* moins fort que ses semblables; enfin deux yeux, un en-dehors de l'écorce du tubercule et l'autre en dedans ; mais dans tous les cas, il faut que la greffe coïncide par son écorce extérieure avec celle du tubercule, ou, si l'on veut, avec son épiderme : l'écorce sur laquelle se trouve l'œil placé en dedans du tubercule, lorsque l'on taille la greffe en coin, à deux yeux, ne demande point d'autre précaution que celle de n'être ni blessée, ni déchirée.

Ces opérations faites, on retire doucement et tout-à-fait le coin de bois : avec un jonc, de la natte, ou de la laine tordue, on ligature la greffe au-dessus et au-dessous, pour la bien fixer. On met le tubercule dans un pot avec de la bonne terre, on en recouvre bien la greffe à un bon pouce au-dessus ; ensuite on plonge ce pot dans une couche tiède, sous châssis, que l'on ombrage au soleil ; si l'on peut mettre en outre ce pot sous cloche, la reprise ne s'opérera que mieux et plus vite. Il ne faut que sept à huit jours à la parfaite reprise de ces greffes : après, il n'est plus besoin que de trois à quatre jours, sans qu'elles en éprouvent aucun retard, pour les habituer doucement à l'air libre et en pouvoir disposer.

D'autres cultivateurs taillent leurs greffes en bizeau, font au tubercule, au moyen de deux incisions biaisées, une entaille en creux angulaire à peu près et autant que possible du même calibre que l'angle plein de la greffe ; ils laissent en dessus les yeux : c'est dire que l'entaille sur le tubercule est moins profonde quand ils greffent à deux yeux que quand ils n'en conservent qu'un au bas de la greffe. Ils adaptent, l'une à l'autre, les deux plaies faites à la greffe et au tubercule, de manière à ce qu'elles se trouvent posées en adhérence parfaite ; ils ligaturent ensuite, et par les mêmes moyens suivans, ils obtiennent les mêmes résultats que par l'opération précédente.

Les uns emploient la greffe en placage, les autres celle de côté, et obtiennent aussi les mêmes succès, suivant les fins pour lesquelles ils ont opéré.

Nous avons expérimenté avec succès toutes ces sortes de greffes et autres sur le *dahlia*. Nous nous en sommes tenus à celle qui, à la fois, nous a demandé le moins de temps et nous a donné les résultats les plus prompts et aussi les plus constans ; la voici.

Nous réservons, lorsqu'on lève les semis, les tubercules des individus rebutés. Nous choisissons de préférence, parmi ces tubercules, les plus petits et en même temps les plus sains, les mieux formés et surtout ceux en cône assez courts.

Pour leur appliquer les deux greffes précédemment citées, nous leur enlevons le sommet aussi nettement que possible. Ensuite, à partir de l'aire de la coupe, nous pratiquons une fente droite et longitudinale de la longueur de la taille opérée à la base de la greffe. Cette fente se pratique seulement sur une à deux lignes de profondeur tout au plus. Comme on ne lève pas sur ces tubercules, comme sur les arbres, l'écorce composée de l'épiderme et du tissu herbacé, et que pour y suppléer néanmoins et arriver au même résultat, il faut glisser la greffe sous l'épiderme, doublé d'une couche suffisante de la chair du tubercule; il est indispensable de favoriser ce passage sans rien déchirer. On y parvient en passant une lame très-fine et très-incisive, qui coupe net du haut en bas, à droite et à gauche, sur une largeur d'environ deux lignes de chaque côté, et sur l'épaisseur et la longueur dites, la chair adhérente à l'épiderme des deux bords de la fente longitudinale opérée sur le tubercule.

Ces opérations faites, on glisse la greffe par sa pointe dans la grande fente opérée sur le tubercule; elle doit y couler facilement, comme un tiroir dans ses coulisses : les bords longitudinaux de cette greffe doivent en même temps se trouver presque entièrement recouverts de chaque côté sur toute leur hauteur; tandis que la base doit trouver en bas un gousset qui la recouvre tout entière à une ligne au-dessus. Avec une lame à deux tranchans très-fins, dont le milieu longitudinal est un peu plus épais ou moins mince, comme une *lame de lancette*, qui aurait un pouce de longueur sur quatre lignes de largeur, on opère toutes ces incisions avec une justesse et une rapidité non moins efficaces qu'admirables.

Ces mêmes incisions se pratiquent aussi très-heureusement avec un canif, un greffoir ou un petit scalpel, néanmoins avec plus de temps et moins de rectitude. Mais le dahlia est si vivace que les opérations les plus lourdes très-souvent ne l'empêchent point de prospérer. Nous avons cet automne fait une de ces greffes avec un mauvais couteau, seulement pour en expliquer avec plus de lucidité la pratique à de jeunes jardiniers. Après la démonstration, nous avons jeté à terre le tubercule et la greffe que nous y avions insérée. Cette greffe, quoique sans ligature, s'est maintenue très-verte pendant plus d'un mois dans cet état ; et finalement, elle ne s'est éteinte que sous l'influence de la première gelée.

Nous avons fait de ces mêmes greffes, mais avec plus de soin et de justesse ; nous les avons mises de suite en place, dans la pleine terre, avec un pot vide renversé dessus ou sous une cloche bien ombrée. Dix à douze jours ont suffi à leurs parfaite reprise et prospérité ; seulement celles plus délicatement traitées ont eu sur celles-ci l'avantage de fleurir quinze jours plus tôt.

Les greffes, ainsi exécutées, peuvent se passer de ligatures, tant elles sont affermies par leur base et par les recouvremens solides de leur bords *jusqu'où commence en haut l'incision* ou taille.

Ces greffes sont à peu près des répétitions de celles dites *nantaises* et couronnes, mais avec cet avantage, que l'on peut à volonté donner aux rebords qui remplacent ceux de la fente longitudinale sur l'écorce d'un arbre sauvageon, l'épaisseur convenable et proportionnelle à l'épaisseur de la greffe d'un rameau ou d'un *gemma* plus ou moins développé d'un *dahlia* précieux.

Ces mêmes greffes ligaturées ou non se placent

après leur reprise à leur destination, comme nous l'avons expliqué plus haut.

On pratique à l'automne toutes les greffes sur tubercules en serre chaude, et on les plante à même avec ou sans cloche dans une couche tiède de serre tempérée. Pendant tout l'hiver, on y peut récolter des boutures et des greffes pour multiplier à l'infini. Au printemps, les mêmes greffes se pratiquent encore en concurrence avec les boutures. Ceux qui plantent leurs greffes et leurs boutures immédiatement à même sur une couche, font très-bien, s'ils n'ont pour but que de multiplier sans perdre un pouce de terrain. Ceux qui bouturent et greffent en pots, comme nous l'avons dit, font encore mieux, quand cela suffit à leurs besoins, puisque, à coup sûr, ils obtiennent des individus, toutes circonstances égales, bien plus hâtifs, mieux conformés et conséquemment plus vigoureux.

Quand, l'été ou l'automne, l'on greffe un *dahlia*, dans l'intention seulement de s'en assurer la variété pour l'année suivante, avec faculté de pouvoir en faire quelques multiplications au printemps, il faut avoir soin que l'œil inséré dans la greffe ne fasse pas seulement qu'un *gemma*, pour cette époque, au lieu d'un tubercule avec collet. C'est ce qui arrive souvent, à cette même époque; attendu que cette greffe n'est pas nécessitée à faire des racines pour alimenter sa tige, puisque celle-ci trouve une racine toute faite dans le tubercule auquel on l'agrège. On force l'œil, qui pourrait ne faire qu'un bon *gemma*, à se convertir en racine ou tubercule lui-même; et pour cela, comme nous l'avons dit plus haut, on lui renvoie la sève par le pincement de la tige au-dessus de quelques yeux, surtout si cette greffe est faite après le mois d'août : c'est une règle générale dans les végétaux, que tous tendent à se reproduire par la fructification, plutôt qu'à se conserver, quand le temps ou une maladie les menace d'une fin prochaine; c'est au cultivateur, suivant les circonstances, à changer cette tendance naturelle.

DES MULTIPLICATIONS FORCÉES ET INCONVÉNIENS DE LEURS RÉSULTATS.

Les amateurs et surtout les plus expérimentés attendent que leurs dahlias poussent à peu près naturellement, pour les multiplier, soit par séparages de leurs tubercules avec *gemma*, soit par boutures, soit enfin par la greffe, suivant les circonstances; mais, dans tous les cas, ils se gardent bien d'épuiser leurs plantes par des boutures forcées, c'est-à-dire par des boutures de boutures de trois à quatre crues successives sur un même pied. Tout ce qu'ils se permettent, c'est une simple avance sur le printemps par le moyen de châssis en mars, et des précautions contre les gelées tardives, pour en préserver leurs plantes afin d'en obtenir une floraison des plus satisfaisantes.

Nous avons toujours remarqué, et notamment depuis ces deux années dernières, que les dahlias non forcés donnaient toujours des résultats bien plus précoces ou parfaits que ceux obtenus par des tubercules, dont les premières et les secondes pousses avaient été déjà bouturées, que par des boutures de boutures. Ces arrières-rejetons d'une plante ainsi épuisée ne conservent le plus souvent que la faculté d'accomplir leur révolution annuelle tant bien que mal, après laquelle il leur faut au moins un repos très-long pour pousser l'année suivante, quand ce repos toutefois n'est pas un repos éternel.

Nous avons eu des dahlias dont les pieds entiers ont été plongés successivement dans la tannée tiède et sous cloche, et ensuite en pleine terre, au pied d'un mur exposé au midi; les uns ont été cinq mois sans donner aucun signe de végétation intérieure ni extérieure (c'est-à-dire ni racines, ni feuilles); et les autres dorment encore depuis dix et vingt-deux mois, c'est-à-dire que leurs tubercules sont restés bien sains, mais immobiles.

Nous avons également observé que des boutures du même pied de dahlia fleurissaient merveilleusement les unes et affreusement les autres dans le même sol, et cultivées, avec les mêmes circonstances; mais ces boutures n'avaient point été faites en même temps; elles avaient au moins un mois de différence, d'où il suit que les unes procédant d'une plante dans toute sa force, lors de ses premiers jets, les autres, quoique leurs sœurs, étant venues après l'épuisement de la mère commune par trop forcée au moyen de la culture artificielle, ces dernières pouvaient très-bien et tout naturellement ne pas valoir leurs aînées.

C'est d'après ces observations, que nous sommes bien persuadés que des dahlias, soit seulement hâtés, soit venus dans leur temps, boutures, tubercules ou greffes, sont toujours à préférer sous tous les rapports. Ces remarques ont dû être faites par bon nombre de praticiens observateurs, car ils ne plantent jamais dans leurs collections des tubercules dont ils ont exploité les pousses ou germes à plusieurs reprises, quoiqu'ils en présentent encore de nouvelles, et pas davantage les boutures ou greffes précoces sur lesquelles ils ont également fait plusieurs multiplications successives.

AVANTAGES PRÉSENTÉS PAR LES BOUTURES ET GREFFES TARDIVES DE DAHLIAS.

Les boutures de dahlias et greffes que l'on destine à la plantation de la même année doivent être faites, les premières au plus tard en mars dans nos climats, et se trouver prêtes à être mises en place au commencement de mai; si l'on veut s'assurer une floraison brillante, simultanée et surtout assez précoce pour en jouir pendant trois bons mois. Les greffes de dahlias, faites en avril, peuvent présenter encore à peu près les mêmes résultats.

Nous conseillons, aux amateurs, de faire des boutures tardives avec les rameaux des variétés qu'ils estiment le plus et qu'ils sont bien résolus à planter l'année suivante. En tenant ces jeunes boutures en pots de vingt-quatre à trente lignes, depuis leur premier rempotage jusqu'à la fin d'octobre, avec le seul soin de les placer à mi-ombre et de les arroser, ces plantes s'entretiendront très-petites, fussent-elles même des boutures de février-mars. Elles donneront de charmans tubercules miniatures, les uns comme de doubles griffes de renoncules, les autres seulement un peu plus fortes, et tous très-sains. Ces tubercules peuvent se conserver très-facilement l'hiver sans tenir plus de place ni donner plus de peine qu'une collection de renoncules ou d'anémones.

Ces petits tubercules, mis en pots aussitôt qu'on le juge nécessaire, selon le but du cultivateur, tiennent beaucoup moins de place sous les cloches ou châssis que les gros pieds de dahlias qui ont crû en liberté l'année précédente. Ils sont aussi plus hâtifs et plus vigoureux. Chacun de ces petits tubercules, sans risque d'épuisement, peut encore donner trois à quatre boutures de côté, indépendamment de la pousse principale qui, mise en place, sera un individu parfait. Nous maintenons, en outre, que ce mode de multiplication, pour les cultivateurs qui voudraient forcer, est encore plus avantageux que les gros pieds de leurs dahlias, soit qu'ils les plantent entiers, soit qu'ils les divisent. On peut placer seize à vingt de ces petits tubercules, avec leurs petits pots, sous une même cloche; et sur ces vingt petits pots, on peut obtenir au besoin beaucoup plus de boutures que sur deux, trois à quatre gros pieds qui, bien certainement, occuperaient plus d'une cloche; puisqu'il en est à qui seul une cloche ne suffirait même pas.

Ainsi un amateur, multipliant pour lui et quelques amis, pourrait donc se passer de cloches et de châssis, mettre sa collection seulement en petits pots de trois pouces à la fin de mars, et plus tard, pour la mettre en place à son aise en mai, selon les circonstances. Il pourrait aussi, sur chaque petit tubercule, lever quelques boutures à talon qui ne seraient certes pas en retard pour être reprises et plantées utilement; puisqu'une bouture, avec talon, est presque un individu tout fait.

Nous ferons observer que si l'on préparait ainsi une collection pour l'année suivante, on aurait évidemment et bien sûrement de bien meilleurs résultats. Tous les cultivateurs de dahlias nous concevront: voici nos données, et encore cette fois l'expérience que seule nous voulons pour autorité, quoique nous aimions beaucoup les raisonnemens de la théorie, se trouve toujours ici en parfait accord avec cette dernière. La bouture de l'année peut être une continuation d'une plante épuisée et ne pas donner conséquemment une floraison satisfaisante : elle peut même ne donner que des fleurs creuses, comme en donnent la superbe *mistriss Buchnall*, le *Wellington* (*Dodd's*) et tant d'autres; tandis que les mêmes variétés, en boutures plus heureusement constituées, donnent des fleurs toutes magnifiques, toutes parfaites. Une bouture faite l'année précédente, tenue en pot, comme nous l'avons dit, sans qu'il lui ait été permis ni de donner fleurs, ni de grossir ses racines, est bien autrement pleine d'ardeur et de moyens, si on ne l'épuise pas, que ne peut l'être ni la bouture, ni la fraction quelconque d'une autre plante, n'eût elle même pas été forcée ; à plus forte raison, si elle a été travaillée pour une multiplication à l'infini. Nous avions bien cette persuasion depuis deux ans ; mais, nous le répétons, nous avons vu tant de fois la science et ses documens démentis par l'expérience, que c'est toujours de cette dernière que nous voulons tenir nos convictions, et voilà deux ans qu'elle nous confirme ce que nous venons de dire.

Les greffes sur tubercules, qui peuvent se faire toute l'année, tant que l'on peut se procurer des rameaux ou jeunes pousses, présentent les mêmes résultats que les boutures contenues et ménagées en petits pots pour l'année suivante, lorsqu'on les modifie et soigne de même.

Nous ajouterons à cet article que les dahlias façonnés en si petits tubercules, indépendamment des avantages que nous venons d'exposer, ont encore celui de pouvoir bien plus commodément, plus sûrement et à meilleur compte, s'expédier à l'automne, que les boutures en vert aux mois d'avril et mai, et souvent bien plus tard. Nous sommes également persuadés que bon nombre d'amateurs s'arrangeraient très-bien de ces expéditions-là.

Nous laissons au commerce le soin de réfléchir

sur toutes les conséquences à tirer de ces observations. Nous l'invitons à bien les méditer, tant sous le rapport de ses intérêts que sous celui des amateurs. Et d'avance, nous dirons que les inconvéniens qu'il pourrait y trouver disparaissent devant la vente qu'il fait à l'automne, et à très-bon compte, de tous les dahlias en pots qu'il n'a pu placer en boutures au printemps *; lesquelles alors prêtent encore plus aux multiplications pour l'année suivante, que les petits tubercules dont nous parlons.

DISTRIBUTION DES DAHLIAS,

suivant la hauteur des tiges, le coloris des fleurs, etc.

Sans doute que pour exécuter une belle plantation de dahlias, il faut d'abord avoir à sa disposition un nombre rationnel de variétés précieuses ou bonnes plantes de ce beau genre. Mais les eût-on même à souhaits, on ne fera pas encore une belle plantation, si l'on ne sait pas à la fois la disposer avec tous les avantages que peuvent en tirer l'art et le bon goût, quel que soit d'ailleurs le mode obligé par le terrain plus ou moins spacieux, et quel que soit con-

* Nous pensons que si le commerce faisait de ces boutures à petits tubercules, pour livrer à l'automne, il y trouverait le double avantage de rentrer six mois plus tôt dans ses avances et bénéfices, et de diminuer beaucoup ses dépenses de multiplication, et aussi le temps des expéditions en mai, où chacune des heures pour la culture peut être plus précieuse qu'une journée d'automne. La différence pour le port serait énorme.

séquemment le nombre des variétés que l'on puisse ou veuille y admettre.

La plus riche collection, si elle est mal distribuée, fera toujours peu d'effets; tandis qu'une collection bien inférieure, mais combinée et exposée avec une parfaite entente de l'élévation et du volume des plantes et encore de leur efflorescence considérée sous les rapports des formes, des dimensions, des coloris et de leurs diverses nuances, fera généralement beaucoup plus d'impression : c'est-à-dire que sur vingt visiteurs, dix-neuf trouveront celle-ci beaucoup plus belle et plus riche que la première. Admettons que le vingtième soit un connaisseur très-exercé, il dira bien que la première collection est beaucoup plus riche que la seconde, mais il ajoutera toujours que cette dernière était d'un bien merveilleux effet par la beauté de sa disposition; et s'il pensait tout haut, on l'entendrait regretter que ce ne fût pas dans cette culture que se trouvassent les plantes supérieures qu'il aurait trouvées mal assorties.

Tout amateur véritable, s'il a du goût, doit donc tenir à honneur ou amour-propre de disposer sa collection de manière à ce que toutes ses plantes se fassent valoir respectivement, et aussi à ce qu'elles reçoivent du sol, comme fond, un reflet qui les détache bien les unes des autres, en même temps qu'il aide encore à en faire mieux ressortir tous leurs avantages.

Si l'on plante des dahlias sur une seule ligne, le bon goût veut que les plus élevés se trouvent au milieu, et que successivement les autres aillent en hauteur décroissante avec le plus de mesure possible du milieu aux deux extrémités, ou que suivant les circonstances on alterne successivement avec le plus de régularité possible un petit avec un grand, si toutefois l'on n'a pu ou voulu choisir pour cette ligne des dahlias d'une hauteur égale autant que possible.

L'une ou l'autre de ces combinaisons peut nécessiter la préférence par l'espace à occuper ou par la nature des dahlias que l'on estime davantage, etc.

Si l'on plante sur deux lignes parallèles, le bon sens comme le bon goût indique qu'il faut choisir les plus élevés par leurs tiges pour les placer sur le fond du plan de ces deux lignes, et les moins hauts, sur la ligne du devant, de manière à ce que sur ces deux lignes, les dahlias plantés en quinconce et à quatre bons pieds l'un de l'autre sur deux pieds et demi à trois pieds d'écartement ou de distance entre ces lignes, aucun des dahlias de la première ne puisse masquer en aucun sens la floraison d'aucun des dahlias de la seconde.

Si l'on est assez riche de terrain pour planter sur trois lignes, on observe encore les mêmes règles, c'est-à-dire que l'on met en troisième ligne, et alternés autant et le mieux que possible, les dahlias de quatre pieds et demi à cinq pieds et plus; en seconde ligne, ceux de trois pieds et demi à quatre pieds, et enfin sur la première ligne, des dahlias dits *nains* de deux à deux pieds et demi.

Nous avons vu des plantations sur cinq lignes bien ordonnées, parce que l'espace et les circonstances permettaient de les exécuter avec le double avantage de laisser aux plantes tout l'air ambiant qui leur était nécessaire, et aux amateurs la grande facilité de pouvoir admirer cette belle plantation sur toutes ses faces, c'est-à-dire d'en faire le tour.

Alors la ligne du milieu était occupée par les dahlias de la plus grande hauteur ; des deux côtés, cette ligne centrale était immédiatement entourée par des dahlias de seconde ligne, ou de trois pieds et demi à quatre pieds ; ce qui faisait une seconde ligne de chaque côté, et complétait, autrement dit, les trois lignes du milieu. Sur le devant de chacune de ces deux lignes était celle des nains ou dahlias de deux pieds et demi, ce qui complétait les cinq lignes auxquelles on peut donner une longueur à volonté suivant les circonstances.

Une telle plantation est magnifique, 1° si elle est combinée par les hauteurs et la distance des plantes comme nous l'avons dit ;

2° Si, indépendamment de cette combinaison, obligée et rationnelle, l'on a soin d'étudier les couleurs et nuances des fleurs de chaque *dahlia* de manière à ce qu'à côté l'un de l'autre on trouve toujours placées des fleurs à coloris opposés et bien tranchés, comme le *brun* à côté du *blanc*, le *ponceau* à côté du *jaune*, le *rose* à côté du *violet*, le *marron* à côté du *lilas*, le *jaune-orange* à côté de l'*amarante*, et ainsi de suite, en combinant ainsi les effets des couleurs;

3° Si, outre ces deux combinaisons bien saisies entre les hauteurs des plantes et ensuite les coloris des fleurs de celles qui les avoisinent de plus près, l'on a encore l'attention de calculer le diamètre ou la largeur de ces dernières pour ménager aux regards du connaisseur et à l'avantage des plantes l'harmonie des graduations dans l'efflorescence générale, comme elle a été observée relativement aux deux combinaisons précédentes, on obtiendra une troisième harmonie. Cette dernière est manquée ou obtenue, suivant que l'on place avec plus ou moins d'art ou de bonheur, à côté l'une de l'autre, des plantes dont les fleurs ne sont pas trop inégales sous le rapport de leur largeur ou diamètre. On conçoit tout le disparate que présente sur la même ligne et à côté l'une de l'autre deux plantes, l'une avec fleurs de deux pouces de diamètre et l'autre de quatre à cinq, c'est-à-dire du double ou des trois cinquièmes plus larges;

4° Si, lorsque ces trois harmonies principales sont bien établies, l'on a encore assez de goût, on aura de plus une quatrième harmonie très-précieuse. Pour l'obtenir, il faut mettre d'accord avec les précédentes la superficie de la terre, en la faisant bomber ou incliner suivant les circonstances locales qui, sous le rapport de la grâce, peuvent exiger ou permettre plus ou moins d'élévation ou de pente, etc.; mais qui, dans toutes circonstances, requière la tenue élégante et suave d'une culture toujours propre, toujours fraîche et rajeunie, comme s'y prête si bien toute terre entre des mains intelligentes et laborieuses ;

5° Si, enfin, on relève encore une si belle et riche plantation par une bordure d'un beau vert qui en dessine avec grâce les contours, et la détache bien alors des allées et des autres plates-bandes et massifs, selon encore les circonstances, l'on aura une cinquième harmonie dont les effets rejailliront avec beaucoup d'avantage sur toutes les autres comme complément.

Si dans un parterre où se trouvent de belles pelouses en gazon anglais on voulait border en gazon de lignes bien combinées de dahlias, il faudrait au moins se servir d'une autre graminée dont le vert tranchât très-visiblement sur la nuance de celle de ces pelouses, comme la fetuque ovine et mieux la fetuque glauque, si les pelouses sont en gazon anglais, etc.

RÉFLEXIONS SUR LA COMPOSITION DES LIGNES DE DAHLIAS.

On conçoit que pour opérer une plantation bien combinée sous tous les rapports, il faut nécessairement connaître la hauteur des tiges, le coloris et la dimension des fleurs de chacune des variétés à mettre en place.

Pour faciliter autant que possible cette opération, le commerce mentionne dans ses catalogues de dahlias les hauteurs et coloris de toutes les variétés qu'il annonce tous les ans ; et, à cet égard, nous devons le dire, ces renseignemens sont toujours très-consciencieux, quoique assez souvent inexacts, et voici pourquoi :

Tous les cultivateurs exercés savent très-bien que pour juger parfaitement un dahlia sous tous les rapports de ses divers organes, facultés et habitudes, il faudrait non-seulement l'avoir cultivé soi-même, mais encore l'avoir vu dans toutes ses phases, cultivé en plusieurs autres cultures.

Qu'un dahlia soit planté fin d'avril avec un tubercule de l'année précédente, certes il deviendra plus fort que celui que l'on aurait pris sur le même pied aussi avec un tubercule de même force, mais que l'on aura planté un mois, six semaines plus tard, quoique dans le même sol et à la même exposition.

Que trois dahlias, à toutes circonstances égales, soient plantés l'un à une muraille bien aérée, l'autre en plein air, le troisième dans un fond où l'air sera gêné ou resserré dans son cours, soit par des massifs d'arbres, soit par des bâtimens plus ou moins rapprochés, ces trois dahlias, quoique procédant d'une même variété, d'un même individu, peuvent différer entre eux de deux pieds et plus de hauteur.

Indépendamment de l'influence des expositions, il y a encore celle du sol qui peut aussi causer de bien grandes différences dans les individus d'une même variété.

Et enfin, comme nous l'avons fait remarquer plus haut, la même variété peut encore être très-belle ou très-défectueuse sous le rapport de ses qualités florales, selon le mode et l'époque qui ont donné lieu à sa conformation.

C'est parce que les amateurs qui ont déjà pour eux une expérience plus ou moins exercée, savent très-bien faire la part de toutes les circonstances, qu'ils tiennent à voir eux-mêmes les nouvelles variétés pour en apprécier le mérite ; et, à défaut de cette faculté, ils tiennent beaucoup au jugement de ceux de leurs confrères qui les ont vues, lorsque ceux-ci d'ailleurs sont tant soit peu et justement réputés pour leur bon goût. Aussi, depuis deux à trois années, voyons-nous à Paris et dans les cultures environnantes, des connaisseurs étrangers à la capitale, qui viennent y faire leurs choix eux-mêmes : ces choix très-souvent sont répétés avec une si grande exactitude par nombre de leurs compatriotes, qu'il est à la fois facile et agréable de tenir pour certain, que dans la même province il y a parfait accord aussi entre bon nombre d'amateurs, en même temps que ces choix en général témoignent aussi que le bon goût y fait également de très-rapides progrès.

RÉFLEXIONS SUR LES BEAUTÉS ET LES IMPERFECTIONS DES DAHLIAS.

Depuis long-temps nous sommes invités à exposer avec le plus d'exactitude et de lucidité possible les règles complètes de la perfection d'un BEAU DAHLIA, d'un VÉRITABLE DAHLIA DE CONNAISSEUR AMATEUR. Nous n'avons pas voulu prendre sur nous de poser ces règles : nous avons préféré de les laisser décrire par les *dahlias eux-mêmes*, lorsqu'ils se seraient assez heureusement développés pour nous donner des variétés dont la perfection serait assez tranchante pour réunir en leur faveur et sans dissidence les suffrages et l'admiration de tous les amateurs et connaisseurs, quel que soit leur goût particulier, quelle que soit encore la sévérité connue de leur exigence, dût cette dernière être poussée même jusques à la monomanie.

Nous confessons donc avec franchise que les règles que nous allons transcrire sont celles qui résultent de l'accord unanime et parfait des amateurs dans leur admiration pour ce que tous ont proclamé complètement *beau* dans plusieurs variétés de dahlias, sans qu'aucune d'elles eût des *si* ou des *mais* à pouvoir ajouter après l'éloge, comme chacun de nous en a toujours entendu dans toutes les supputations qui ont lieu chaque année sur le mérite des nouvelles variétés de dahlias, même les plus vantées.

C'est ainsi que sur telle variété, comme *lady Darmouth*, admirée assez généralement, les connaisseurs finissaient par dire, les uns : *quel dommage que ses fleurs soient si tardives!* les autres ajoutaient : et *qu'elles soient si peu nombreuses!* ceux-ci : et *qu'elles sortent si peu du feuillage!* ceux-là : et *qu'elle soit si exubérante en rameaux et en feuillage*, etc.

Quand on a vu la comtesse *Orkeney*, le *Spring-field rival*, la *Giraffe*, etc., beaucoup admiraient aussi ces plantes-là. Les connaisseurs aussi les trouvaient charmantes encore, quand, des variétés plus régulières formant à mesure leur goût, ceux-ci ont à la fois observé et fait observer aux autres, qu'elles avaient des fleurs bien trop petites pour la hauteur de leurs tiges, et que cette disproportion était choquante depuis que l'on avait obtenu des *dahlias* dont les fleurs avaient pour diamètre autant de fois dix à douze lignes, que leurs tiges avaient de pieds de hauteur.

Il en a été de même pour le défaut contraire, comme dans le *magnum bonum*, le *triomphe soutif*, etc., dont les fleurs larges de quatre pouces et demi à cinq pouces, quelquefois plus, et bien pleines d'ailleurs, se trouvent sur des plantes de vingt-quatre à trente pouces de hauteur. Bien des amateurs ont trouvé ces dahlias superbes; d'autres leur ont reproché, ou d'avoir des tiges trop basses ou des fleurs trop grandes. C'est toujours la comparaison avec des supériorités qui rend les infériorités ridicules ou difformes, et nous ne manquons pas de variétés dont les fleurs pour leur dimension sont autrement que ces derniers dahlias, en harmonie ou proportions gracieuses et exactes avec la hauteur de leurs tiges.

Des variétés de dahlias avec fleurs bien pleines, supérieurement faites, admirablement proportionnées avec la hauteur de leurs tiges, etc., ont encore conquis bien des approbations, comme *countess of Morton*, *Purple perfection* (squibb), *Glory of the West-Etonian*, etc. Les connaisseurs ont encore fait remarquer de suite que ces belles fleurs, quoique parfaites, étaient pendantes au lieu d'être seulement un peu courbées au sommet des pédoncules assez robustes pour les présenter à la fois avec grâces et solidité.

D'autres plantes avec fleurs aussi bien pleines, excellentes proportions entre leurs tiges et leurs fleurs, même très-nombreuses, des pédoncules très-fermes, comme dans *Eugénie Lampy*, *Reine des Belges*, violet panaché, *Holmsbush rival*, etc., ont aussi trouvé des amateurs pour les rechercher; mais bientôt ceux-ci ont remarqué d'eux-mêmes que les fleurs en couvraient la plante de trop près; qu'elles semblaient lui servir plutôt d'emplâtre que d'ornemens; et qu'elles rappelaient trop, faute de pédoncules assez allongés, une couche de champignons.

Quelques plantes, comme *Pewerill of the Peack*, *Glory of Plimouth*, etc., ont été offertes comme des modèles sous les rapports notamment de leurs pédoncules : des connaisseurs ont fait remarquer que leurs fleurs étaient posées très-horizontalement sur ces pédoncules; que, pour bien voir les fleurs de la première, il faudrait une échelle, à raison de l'élévation de la plante, et que pour bien jouir de la vue des fleurs de la seconde, il fallait aussi avoir ses yeux immédiatement placés au-dessus de la plante, attendu que dans ces variétés les fleurs étaient plantées droites sur leurs pédoncules, comme des champignons de bois sur leurs pieds, autrement dit *porte-perruques*. Ce n'est donc pas seulement la force et la longueur d'un pédoncule qui en fait le mérite, c'est encore la belle *pose* qu'il donne aux fleurs

On a également reçu un dahlia comme un parangon véritable sous le nom prétentieux de *Criterion* ; ç'a été à qui l'aurait et le cultiverait. Il y avait en effet proportion gardée entre les fleurs et les tiges, entre les pédoncules pour la force comme pour la longueur, et les corolles très-nombreuses et supérieurement facturées et colorées. Enfin, cette plante avait été presque généralement regardée comme un véritable *Criterion* qui ne pouvait plus être surpassé. Sont venues bientôt après, des plantes aussi bien faites, mais avec vingt et vingt-cinq rangs de pétales ; et l'on a bientôt aperçu que les fleurs du *Criterion*, tant préconisé, n'avaient que sept à neuf rangs de ces pétales ou ligules ; que ces fleurs étaient très-minces, tandis que naturellement les autres étaient bien épaisses et conséquemment plus étoffées, plus riches ; et voilà tout d'un coup *Criterion* détrôné. Ce n'est plus qu'une plante pauvre dont les fleurs ne sont plus considérées que comme de trop minces galettes.

Beaucoup d'autres plantes, sans aucun des défauts reprochés ci-dessus, ont encore été admises avec faveur en 1839 ; elles ont succombé comme les précédentes, parce qu'elles ont été trop dépréciables dans la comparaison de leurs fleurs avec celles des variétés nouvelles de cette année, sous le rapport non-seulement du nombre des rangées de ligules, mais plus sérieusement sous celui de l'imbrication et du recouvrement des ligules du rang supérieur sur celles du rang immédiat qui le suit en descendant du centre à la circonférence. Une imbrication trop large est sans graces, c'est ainsi que sont communément imbriquées les *tuiles rondes* ou gaufrées des mauvais hangars; une imbrication courte et bien graduée comme le sont les écailles de la *truite*, les plumes des *colibris*, les *ardoises* des palais, etc., est au contraire très-élégante et se fait remarquer avec admiration par tout le monde. Il a fallu, pour faire cette différence dans la disposition bien graduée et dans l'élégance des recouvremens des ligules les unes sur les autres, les fleurs vraiment admirables et d'un fini parfait des dahlias *Fir Bull Non pareil*, *Hope* ou *Métropolitan rose*, *Royal Standard*, *Cambridg's hero*, etc.

Dans les unes, les ligules sur plus de trente rangs sont en *cornets* supérieurement gradués et qui se recouvrent les uns les autres sur plus de la moitié et souvent des deux tiers de la page supérieure; dans les autres, les ligules en *coupe*, en *oreillettes*, etc., aussi sur plus de quinze à vingt rangs, sont imbriquées et empilées avec non moins d'élégance et de richesse. C'est devant ces nouvelles perfections que sont tombées dans le commun comme trop peu ou mal façonnées, les fleurs naguères si parfaites de *Miss Wilson*, de *Pewirill of the Peack* et de tant d'autres, parce que dans chaque rang supérieur le sommet des pétales s'arrête ou termine à peine sur les onglets des pétales du rang qui suit : ce qui fait le mauvais effet d'une imbrication lâche ou misérable, comme celle des plumes d'un oiseau qui mue, d'un toit dont les ardoises ou les tuiles mal assemblées recouvrent à peine le sommet des unes, la base des autres.

C'est d'après toutes ces remarques et beaucoup d'autres, tant sur les formes que sur les coloris des dahlias et de leurs fleurs, qu'ont successivement amenées le temps et les progrès dans la culture de ces plantes que nous avons pu, en les recueillant avec attention, tracer les règles du beau d'après le goût et le jugement des amateurs.

Ce sont les amateurs eux-mêmes qui ont posé ces règles, en adoptant comme telles les perfections prescrites pour les plantes qui ont avec le plus de succès défié leur critique sous tous les rapports. Nous nous sommes donc contentés de recueillir ces règles dans leurs critiques et dans leurs éloges : ainsi, pour ces règles, nous déclinons le mérite d'auteurs devant la vérité, et nous nous bornons consciencieusement au rôle de simple historien.

DES QUALITÉS

qu'exigent les amateurs et les connaisseurs dans tout dahlia pour le considérer comme plante parfaite.

1° Une tige droite et des rameaux peu inclinés qui puissent au moyen de ligatures se fasciculer avec la tige, afin de ne pas déranger l'alignement des autres variétés avec lesquelles la plante pourrait se trouver en ligne. Ainsi, le dahlia *Janus*, dont les rameaux poussent à angle droit, était déjà une plante défectueuse, sous ce seul rapport, qui aurait suffi pour motiver la réforme qu'il a subie chez tous les connaisseurs.

2° Des fleurs dont les *dimensions* en largeur ou diamètre soient proportionnées avec la hauteur commune des tiges, à raison de dix à douze lignes de diamètre de ses fleurs par pied de la hauteur des tiges. Quantité de dahlias auxquels on ne pouvait apercevoir ou sentir d'autre imperfection que ce défaut de proportion entre les tiges et les fleurs, soit en plus, soit en moins, feraient encore les honneurs de bien des collections en 1840, si le bon goût n'avait pas fait adopter pour règle des proportions plus justes, offertes par la nature dans les plus heureux momens de ses libéralités pour les dahlias.

3° Des fleurs dont, en outre, les formes soient parfaites; et cette perfection, suivant le caprice de la masse des amateurs qui, en cette circonstance, comme dans toutes les autres, constitue la mode, exige impérieusement que le disque des fleurs soit exactement rond. Cette belle forme a tellement prévalu que, malgré tous les charmes que l'on pouvait y trouver d'ailleurs, tous les beaux dahlias dont les fleurs n'étaient point disposées en circonférence parfaite dans leur bord extérieur, ont encore été réformés; il n'y a pas même eu de grâce pour *Metropolitan Calypso*, la *Rose d'amour*, *Beauty of Scheffield*, etc., quoique déjà depuis deux à trois ans elles fussent en possession des hommages du plus grand nombre des amateurs.

4° Des fleurs non-seulement proportionnées et géométriquement rondes, mais encore riches, c'est-à-dire que ces fleurs soient encore soumises à une épaisseur proportionnée à leur largeur; et cette épaisseur doit être au moins du tiers à la moitié de cette largeur : ce qui ne peut avoir lieu dans une fleur de deux à trois pouces et encore moins de trois à quatre et plus de diamètre; si les ligules n'y sont disposées que sur six, sept, huit et au plus neuf rangs, à partir du centre de ces fleurs jusqu'au dernier rang qui en trace la circonférence terminale.

Avant d'avoir pu reconnaître dans les variétés nouvelles qui les ont effacées par ces belles proportions, que les fleurs qui en étaient dépourvues manquaient de grâces et de charmes, on a trouvé superbes les dahlias *honorable Mistriss Harris* qui n'avait que six à sept rangs de ligules dans ses fleurs, *Ariel* qui n'en avait jamais plus de huit à neuf ; on a couronné à Londres *Ion* blanc qui n'en avait pas davantage, etc. Ces plantes aujourd'hui, à raison de leurs trop minces fleurs, ne sont plus considérées que comme les vieilles savates ou *mises-bas* des anciennes collections.

5° Des fleurs qui, outre leurs belles proportions en *largeur*, *rondeur*, *épaisseur*, présentent encore dans la facture de leurs ligules des graduations ménagées avec le goût et l'élégance du ciselet le plus exercé dans l'art de la sculpture. Ainsi, en examinant toutes les rangées de ligules depuis le centre jusqu'à la circonférence, si toutes ne sont pas égales entre elles dans le même rang, si ensuite elles ne prennent pas successivement par rangées une dimension presqu'insensiblement plus grande à mesure que ces rangées se succèdent jusqu'à la dernière qui termine la fleur, celle-ci passera bien certainement pour mal faite et causera encore la réforme de la plante.

Les proportions entre les ligules d'un rang et celles du rang qui suit, ménagées et graduées depuis le commencement jusqu'à la fin avec le beau fini que présentent les fleurs des dahlias *Ring-Leader*, *Oliver-Twist*, *Western-rose*, *Boule d'or*, etc., ont suffi pour faire rejeter une foule de *dahlias* dans les fleurs desquels on n'avait pas aperçu, faute de mieux encore, que ces proportions n'étaient que les grossières ébauches du merveilleux que nous préparait la nature.

6° Des fleurs, qui réunissent tous ces avantages d'échapper à la critique sous les rapports de la dimension proportionnée à la hauteur des tiges; de l'épaisseur proportionnée à la longueur du diamètre; de l'exactitude de la circonférence; des formes bien rondes; de la graduation la plus élégante entre leurs rangs de ligules, laquelle graduation est d'autant plus merveilleuse et finie qu'elle est plus fine et serrée, mais toujours du moins en plus, sans interruption ni saccade; des fleurs qui aient, disons-nous, une imbrication parfaite, c'est-à-dire que les rangs de ligules, quoique bien étagés ou gradués, doivent, avec les supérieurs, se reposer immédiatement sur les inférieurs, et toujours depuis le commencement jusqu'à la fin, de manière à couvrir au moins la moitié ou les deux tiers de ses rangs immédiatement inférieurs, et à ce que chaque entre-deux de ligules de ce rang se trouve masqué par le milieu d'une ligule du rang supérieur, comme s'il s'agissait d'interdire l'accès des pluies dans le fond ou le réceptacle ou le calice général de ces fleurs, enfin, comme sont imbriquées les ardoises d'un toit bien soigné, etc., et mieux les écailles de la queue d'un poisson, tel que la *truite* ou la *tanche*.

7° Toutes ces conditions réunies sont bien de rigueur maintenant, mais elles ne suffisent point encore quant aux fleurs : il faut, en outre, que les couleurs de celles-ci soient bien pures et que les pétales soient bien étoffées; autrement dit, les couleurs doivent ne pas se brouiller ou se déteindre sous l'action des pluies ni celle du soleil ; et l'étoffe des pétales ne doit pas davantage ni se crisper, ni fléchir sous cette dernière influence. Ce dernier défaut est le seul que l'on puisse reprocher au dahlia *Hero of Navarino*, qui, malgré toutes ses autres perfections, n'aura point d'avenir.

8° Il importe peu que les ligules soient facturées en écailles, en cornets, en oreillettes, en cul-de-lampe, etc. ; qu'elles soient unicolores ou panachées ; enfin, que les fleurs soient grandes ou petites, pourvu que les proportions, dimensions, graduations, imbrications, etc., ci-dessus expliquées, soient bien établies relativement, et que les couleurs soient bien tranchées ou nuancées sans se confondre ou se mêler en barbouillage ; et pourvu encore que les traits soient ou paraissent dessinés et coloriés par un habile artiste ; mais, quand les couleurs sont tracées avec lacune ou interruption grossière, comme si elles avaient été placées par un mauvais pinceau en soies de porc mal assemblées, et conduit par une main grossière, ce qu'on a pu voir dans certains grands dahlias fond jaune, *torchés* brique, dont, par esprit de convenance, nous ne voulons pas rappeler les noms, quelle que pourrait être, d'ailleurs, leur perfection, ces dahlias-là et ceux aussi mal dessinés ne seront point admis par les connaisseurs. Ces variétés seront toujours, comme fleurs, ce que sont, comme tableaux, les *croûtons* les plus richement encadrés.

Nous dirons, quant aux couleurs, que nous ne

comprenons rien à ce qu'on nomme *fausses couleurs;* attendu qu'il nous suffit qu'une couleur soit donnée par la nature pour la considérer comme véritable. Les couleurs, quant à leur beauté et à leurs effets, sont relatives selon les goûts auxquels leur teinte correspond, ou avec lesquels les coloris sympathisent. En admettant comme couleurs les plus pures et les plus brillantes celles du prisme, toujours est-il que ces couleurs, sans les milliers de nuances qui les varient, se réduiraient à un bien trop petit nombre; et si elles abrégeaient beaucoup le travail de la combinaison des coloris dans la distribution des dahlias pour leur mise en place, elles abrégeraient beaucoup aussi les effets de l'admiration que ces plantes produisent, quand c'est un amateur de goût qui compose cette distribution.

Nous ajouterons que cette composition, comme celle d'un poème, demande aussi du talent, des réflexions, une grande mémoire des yeux, et principalement aussi beaucoup de goût; si MM. *Deschiens, Chéreau,* etc., étaient consultés sur le travail d'une élégante et pure distribution dans la mise en scène d'une bonne et riche collection de dahlias, on serait fort étonné de leur appréciation du temps et du mérite de ce travail.

Nous venons d'exposer, seulement sous le rapport principal des fleurs du dahlia, les conditions que les amateurs en exigent, quand la nature les a faits ou créés artistes par les leçons de ses plus beaux modèles. Beaucoup d'amateurs anglais ont trouvé que c'était être trop exigeant ou déraisonnable que d'oser ou vouloir demander davantage. Ils peuvent avoir raison sans doute ; et, bien sûrement, ils sont plus reconnaissans que nous pour les dons de la nature ; puisqu'afin d'en tirer le parti le plus avantageux, ils ne négligent rien pour aider à sa bienfaisance et masquer ses faiblesses ou imperfections. Nous trouvons superbe que des enfans cachent ainsi les défauts d'une mère toujours bienveillante. Ainsi, nous admirons ces bons amateurs dans les soins et les peines qu'ils prennent pour palisser un dahlia dont les rameaux sont à angles droits, et dont les fleurs sont à pédoncules trop faibles. Nous trouvons tout cela très-bien ; mais nous croyons qu'il est mieux encore de supprimer ces plantes, comme tout le monde est d'accord pour supprimer celles qui ne les valent pas. Nous pensons nous montrer, envers la nature, beaucoup plus reconnaissans encore que nos confrères, qui, par respect pour elle, se font honneur des ébauches dans lesquelles la perfection, quoique approchée, n'est cependant point atteinte. Nous regardons ces ébauches comme une leçon sur ce qu'il restait encore à faire ou à exiger pour arriver au complément ; mais nous ne l'admettons pas avec les chefs-d'œuvre que nous exposons dans nos cultures. Nous croirions manquer à la fois de tact et de goût quand nous voulons faire admirer ces merveilles, si nous y mêlions des plantes défectueuses ; nous pensons que ce serait aussi mal servir et interpréter la nature que le seraient nos peintres les plus célèbres si, dans l'exposition de leurs chefs-d'œuvre, on y comprenait les *croûtes* par lesquelles ils ont commencé.

Les amateurs français tiennent donc à ce que toutes les fleurs de leurs dahlias, avec les perfections qu'ils en exigent sévèrement, aient aussi le mérite d'une *belle pose*, c'est-à-dire qu'elles soient portées par des pédoncules fermes et bien solides, et surtout assez longs pour les bien détacher du feuillage. Ils regardent comme modèles de plantes, comme de véritables *criterions*, lorsqu'ils sont à la fois bien exposés et cultivés, les dahlias *Hero of Cambridge*, *Royal-Standard*, *Warmünster-rival*, *Western-rose*; et ce, parce qu'à leurs fleurs parfaites sous tous les rapports ils réunissent des tiges qui se fasciculent et s'élèvent tout naturellement comme des pyramides élégantes, et parce que les pédoncules, très-fermes et allongés inégalement, présentent de face leurs brillantes fleurs sur plusieurs étages, le premier, à plus de six et huit pouces au-dessus de la plante, et les autres à dix, quinze et dix-huit pouces.

Nous ferons en outre observer qu'un dahlia, fût-il d'abord aussi complètement parfait que les modèles ci-dessus cités, ne peut être considéré comme tel qu'autant que ses fleurs sont constantes dans leurs perfections; c'est-à-dire qu'il doit les conserver, à très-peu de différence près, depuis le commencement jusqu'à la fin de la saison florale. Des fleurs superbes à quatre pouces de diamètre d'abord, auxquelles, plus tard, en succéderaient d'autres de trois et ensuite de deux, seraient bientôt réformées comme imparfaites.

Il en est de même quand aux plus belles fleurs possibles succèdent des fleurs qui ne conservent pas leur plénitude, c'est-à-dire lorsqu'elles présentent au centre des fleurons plus ou moins nombreux, seulement avec leur sexe, mais sans ligules, ce qui fait un vide très-disgracieux à l'œil d'un connaisseur. Toutes les plantes qui ont ce défaut sont encore impitoyablement réformées, lorsque ce défaut surtout se présente avant la mi-octobre ou les premières petites gelées : à cette époque, presque tous les dahlias plus ou moins affaiblis ou épuisés peuvent bien ne plus conserver dans leurs arrière-fleurs la régularité des précédentes, produites lorsque ces dahlias étaient dans toute la vigueur de leur sève.

Nous ferons observer cependant que le vice ci-dessus reproché peut avoir lieu dans la meilleure plante possible, si elle ne se trouve pas dans toutes les conditions favorables à son développement complet, et, à cet égard, un amateur expert sait toujours faire la part des circonstances.

On réforme encore un *dahlia* tout aussi parfait que nous l'avons décrit, si beaucoup de ses fleurs présentent le vice ou défaut conventionnel contraire au précédent. C'est-à-dire, s'il arrive souvent que ces fleurs au centre présentent des protubérances formées par des écailles qui étouffent les ligules, comme dans le dahlia *Regulator, Victorine* (de

Passy), etc. Ces difformités-là sont absolument des *goëtres* floraux.

On ne fait aucun cas enfin d'un dahlia, qui trop souvent donne de mauvaises fleurs, encore bien que quelquefois, et surtout dans les premières et secondes années, il en ait présenté de superbes, comme la *beauté de Passy*, la *coquette* idem, et tant d'autres.

Nous sommes encore si peu riches en fleurs absolument parfaites, sous tous les rapports ci-dessus indiqués, que l'on tolère provisoirement quelques imperfections dans certaines plantes, en attendant que l'on puisse les remplacer par d'autres qui présentent les mêmes avantages moins leurs imperfections.

C'est par exemple une très-grande imperfection, dans une variété d'ailleurs superbe, si les fleurs en sont ou peu nombreuses, ou trop tardives, ou mal pédonculées en ce sens, que ces pédoncules seraient non pas trop courts, mais seulement pas assez ou trop longs.

Des dahlias encore admirés aujourd'hui ont une de ces imperfections, notamment *Hope metropolitan*, et quelques autres, dont les pédoncules, sans maintenir les fleurs sur le feuillage, ne les en détachent cependant point assez ; indépendamment encore de ce qu'on peut reprocher à ces fleurs d'être à la fois trop peu nombreuses et de se faire trop attendre.

DES SEMENCES DU DAHLIA.

Comme le *dahlia* n'est qu'une espèce dans la

classe des radiées, et dans celle qu'a définie Linnée, sous le nom de *Diæcie*, nous ne voulons reconnaître qu'une seule et même espèce dans ce genre, comme la *hyacinthe*, la *tulipe*, le *rosier*, etc., l'un des plus féconds en nombreuses variétés.

C'est donc des dahlias simples que, par le semis, on a successivement obtenu les variétés dites à fleurs doubles et pleines. Il suit de là, que beaucoup prétendent que l'on peut semer avec espérances et succès toutes les semences du dahlia ; puisque nos variétés les plus belles procèdent nécessairement de celles qui les ont dévancées. Cette conclusion est sans doute très-bien établie ; mais il n'est pas moins vrai qu'il a fallu semer successivement trente années et plus, pour arriver à obtenir des plantes ou variétés d'après lesquelles le goût a pu se former, et enfin pour découvrir les règles du *beau normal* dans ce genre devenu aujourd'hui une nécessité horticole.

Nous avons semé nous-mêmes ; nous avons également observé les semis de nombreux confrères, et cela depuis très-long-temps. Nous avons donc pour nous le sentiment consciencieux de l'expérience, qu'à semer des dahlias mal choisis, c'est perdre à la fois beaucoup de temps, de terrain et de peines pour obtenir très-peu de chose, ou RIEN.

Nombre d'amateurs qui sèment n'ont point encore assez observé que le dahlia, comme toutes les radiées, donnait des fleurs composées de *fleurettes* ou *fleurons*, composés encore les uns d'organes unisexuels, ou mâles ou femelles, tantôt protégés par un pétale, quelquefois deux, que l'on nomme communément *ligules*; parce que ce pétale très-souvent est façonné en petite languette à son limbe, et roulé en cornet plus ou moins court à sa base ou à son onglet, qui enveloppe les organes sexuels, c'est-à-dire *étamines* ou *pistils*. Tantôt la fleurette est nue, c'est-à-dire avec étamines ou pistils, sans ligules ou pétales.

C'est quand la fleur générale est bien remplie de fleurettes ligulées sur tout le *placenta* de son calice général dit involucre, que cette fleur générale est dite *pleine*. Les fleurettes n'ont point de calice particulier, mais elles se trouvent néanmoins accompagnées d'écailles plus ou moins larges et allongées, qui leur en tiennent lieu, lesquelles même souvent les étouffent ou les compriment quand la plante est très-vigoureuse, comme notamment la variété dite *Saint-Vincent-de-Paule*, dont il faut bien des fois jeter, pour ce défaut accidentel, les deux à trois premières fleurs : celles-ci déshonoreraient la plante, si les suivantes n'étaient pas bien régulières. Il y a beaucoup de dahlias qui débutent ainsi, quand ils sont trop vigoureux; c'est pourquoi la prudence veut, en pareil cas, que l'on attende, pour les juger, qu'ils donnent leur troisième ou quatrième fleur.

C'est par contre, quand ce qu'on appelle la fleur d'un dahlia contient un plus ou moins grand nombre de fleurons ou fleurettes avec ligules ou pétales, qu'elle passe pour être plus ou moins double ou simple. Les amateurs considèrent comme *simple* celle qui n'a pas au moins le tiers ou la moitié de ses fleurons munis de pétales ou ligules, et comme *double* seulement celle qui présente au moins les deux tiers ou les trois quarts de ses fleurons avec ces ligules.

Il faut bien remarquer dans les dahlias, quand on veut les semer avec succès très-probable et même certain, que leurs fleurs générales sont composées bien diversement. Les *simples*, les *doubles* et les *pleines*, comme l'entendent les fleuristes, ont tantôt, les unes des fleurons avec ou sans ligules, qui tous n'ont exclusivement que le sexe mâle (*étamine*) dans la même fleur générale, lesquelles étamines sont, les unes fécondes, les autres, stériles : c'est ce qui explique pourquoi les amateurs se trouvent si souvent désappointés lorsqu'ils attendent après la graine d'une fleur pleine et très-précieuse, de n'en pas trouver une seule dans sa capsule, quoique celle-là d'ailleurs ait assez long-temps caressé leurs espérances.

Tantôt d'autres fleurs n'ont aussi que des fleurons avec ou sans pétales, exclusivement munis du sexe femelle (*pistil*), aussi fécond et parfois stérile aussi. Ces fleurs donnent communément assez de graines, surtout quand le beau temps seconde leur fructification, c'est-à-dire lorsque les pluies n'entraînent pas la poussière fécondante des fleurons à étamines ou staminifères, et principalement lorsque les cultivateurs sont à la fois assez éclairés et soigneux ou attentifs pour imiter nos confrères anglais qui savent très-bien discerner les fleurons mâles des fleurons femelles, et encore ceux de ces deux sexes qui ont des ligules ou qui en sont dépourvus. Ajoutons ici que ces habiles confrères, au moyen de ces connaissances que leur zèle sait si bien exploiter ou appliquer, sont assez adroits et intelligens pour ne transporter jamais la poussière émise par les *étamines* sur les *pistils* qu'autant que ces deux fleurons mâle et femelle, à féconder l'un par l'autre, sont tous deux munis de ligules, soit en languettes, soit en cornets, soit en oreillettes, etc.

Tantôt des fleurs mâles ont aussi, avec ou sans ligules, des fleurons mâles et femelles, les uns féconds, les autres stériles, tous réunis dans ces mêmes fleurs et reposant sur le même *placenta*, comme dans les précédentes; ce qui semblerait douteux, suivant les botanistes qui ont placé le dahlia dans la *diœcie* de *Linné*, c'est-à-dire dans la classe des plantes où un seul individu de la même espèce ne porte exclusivement que des fleurs mâles, et un autre des fleurs femelles, comme dans le *chanvre*, le *pistachier*, etc. Le *dahlia* est tantôt de cette classe, tantôt de la *monœcie* ou de celle dont, sur un même individu, on trouve, mais séparées, des fleurs qui n'ont que des *étamines*, autrement dit des fleurs mâles, et d'autres qui n'ont que des *pistils*, c'est-à-dire des fleurs femelles.

C'est ce qui explique encore pourquoi sur un même *dahlia*, se trouvent des fleurs, celles à fleurons mâles qui ne donnent point de graines, et d'autres, toutes à fleurons femelles, qui en donnent beaucoup.

Nous pensons même que tel peut bien donner des individus à fleurs ou fleurons tous mâles ou tous femelles, et *vice versa*, tandis que sur tel autre sortant du même pied on trouvera des fleurs dans lesquelles se rencontrent tout à la fois des fleurons mâles et femelles, les uns stériles ou neutres, les autres féconds ; et nous avons même de fortes raisons pour penser que dans les *dahlias* comme dans beaucoup d'autres radiées se trouvent aussi, avec des fleurons exclusivement mâles ou femelles, des fleurons hermaphrodites ou réunissant à la fois les deux sexes. C'est ce qu'il nous reste encore à examiner aussitôt que nous pourrons y consacrer de plus minutieuses observations.

Quoi qu'il en soit, il suit de ce que nous venons d'exposer que, sur les dahlias à fleurs *simples*, les fleurs sont composées de fleurons sans ligules ou pétales depuis le centre jusqu'au trois ou deuxième et souvent jusqu'au dernier rang qui termine le disque ou forme la circonférence de ces fleurs. Ainsi les semences qui ont pour facteurs un fleuron mâle et un fleuron femelle, tous deux sans pétales ou ligules, doivent donner et ne donnent en effet que bien rarement des dahlias dont les fleurs soient *pleines* ou *semi-doubles*, ou plus ou moins composées de fleurons avec ligules ou pétales, puisqu'ils procèdent d'individus qui en manquaient l'un et l'autre.

Si les dahlias simples, qui ont paru les premiers, ont donné des variétés d'abord semi-doubles, il nous paraît plus que probable qu'elles procédaient nécessairement du mariage de deux fleurons à ligules qui se trouvaient dans l'un des derniers rangs des fleurs simples de ces dahlias ; puisque ce n'est que sur ces rangs où il y a des fleurons ligulés ou pétalés. C'est un très-grand hasard que cette fécondation : l'observation et le talent auraient pu l'opérer plus tôt, comme l'explique encore le temps qu'il a fallu attendre pour obtenir dans ces plantes des individus à fleurs semi-doubles.

Une fois des variétés à fleurs semi-doubles obtenues, on conçoit que celles-ci, ayant au moins la moitié de leurs fleurons à pétales, offraient beaucoup plus de marge aux hasards, pour opérer dans la fécondation la rencontre de deux fleurons ligulés de l'un et l'autre sexes ; et que c'est de ces croisemens que sont enfin sortis à la longue les quelques dahlias à fleurs entièrement pleines ou à fleurons presque tous pétalés qui ont causé tant d'admiration.

On avait d'abord pensé que les dahlias à fleurs dites pleines ne donneraient plus que des individus à fleurs également bien remplies de fleurons complets ; on s'est étonné alors d'expérimenter le contraire. Ils ont donné et donneront toujours des variétés à fleurs simples en plus ou moins grand nombre ; parce que tel plein que soit un dahlia, on y trouve presque toujours sans ligules quelques fleurons mâles ou femelles qui passent inaperçus sous les pétales ou ligules des autres fleurons ligulés; et ces fleurons sans ligules, soit pour féconder les autres, soit pour en être fécondés, sont dans de meilleures conditions que les autres, puisque leurs sexes sont à nu, tandis que ceux entourés de leurs ligules ont tout naturellement un obstacle de plus à vaincre. C'est ce qui explique encore pourquoi dans les semis de plantes à fleurs pleines, il s'en trouve si bon nombre à fleurs simples et semi-doubles. Attendu que, quand l'art, comme nous l'avons dit plus haut, n'y supplée pas, la fécondation d'un fleuron à ligules par un autre aussi ligulé n'arrive pas aussi facilement et fréquemment que bien des amateurs peuvent le penser ou désirer.

Observons bien maintenant qu'en général, les dahlias à fleurs les plus pleines ont des fleurons nus ou sans ligules d'un sexe ou de l'autre au centre de ces fleurs. Ces fleurons nus, entremêlés quelquefois de fleurons ligulés, apparaissent dans certaines fleurs, lorsque les rangs de fleurons à pétales se desserrent ou s'ouvrent. C'est dans cette circonstance que ces fleurons, plus ou moins nombreux et sans ligules, semblent faire un vide ou un creux au milieu des fleurs ; ce qui nous fait dire qu'elles *creusent.* Ces fleurons nus, quoique presque toujours au centre des fleurs, se trouvent néanmoins quelquefois sur tout un rang circulaire vers le milieu du rayon, comme dans *Mary queen of Scott* (*Harding*), suivant les uns, et *New duchess of Sutherland,* selon les autres.

Il suit de là, que les graines du centre des fleurs

procèdent souvent de fleurons mâles et femelles sans ligules, ou d'un fleuron avec ligules et l'autre nu ; et que, dans le premier cas, l'on ne peut guère espérer qu'un individu à fleurs simples, et dans l'autre, un individu à fleurs semi-doubles ; si l'on obtient mieux, ce sera un hasard plus rare que le quine à la loterie. Mais comme au centre des fleurs se trouvent aussi des fleurons ligulés, le hasard peut bien quelquefois aussi mieux servir.

Dans tous les cas, pour semer avec plus de chances ou de probabilités, il est absolument rationnel de choisir sa graine sur des plantes à fleurs très-pleines, et de préférence sa graine au-dessous des trois à quatre premiers rangs de ligules qui sont au centre où assez communément se trouvent des fleurons nus.

Il y a raisonnablement, et, à cet égard, l'expérience le confirme, plus à espérer mille fois de la semence qui présente plus de chances dans sa formation de deux fleurons ligulés dans les deux sexes et sur un individu dont toutes les fleurs sont pleines, que de la semence qui a pu si facilement procéder de moins bons facteurs.

Nous ferons remarquer encore que c'est pendant les beaux mois de juillet, d'août, jusqu'à la mi-septembre que les dahlias en pleine sève nous donnent les fleurs les plus pleines et les mieux faites, et conséquemment celles où les fleurons nus sont des plus rares ; tandis qu'à la fin de septembre et en octobre, les plantes, déjà plus ou moins affaiblies, donnent des fleurs à nombreux fleurons nus, conséquemment moins pleines, elles sont encore toujours moins grandes ; aussi ces fleurs donnent-elles ordinairement plus de graines que leurs devancières, et l'on peut concevoir que ces graines ne peuvent présenter autant d'espérances que celles données, quoique moins abondamment, par les fleurs de la bonne saison.

Malgré cette observation, faute d'avoir pu, dans le temps le plus propice, recueillir de la graine sur les meilleures plantes, on ne tient pas moins à celles que plus tard on obtient plus facilement. Des fleurs précieuses à peine passées à la fin d'octobre, et d'autres dont les graines étaient encore loin d'être mûres alors, nous ont donné de très-bonnes semences en décembre ; parce que nous avions eu la précaution de recueillir avec leurs pédoncules les capsules encore bien vertes et de les mettre, les moins avancées dans des carafes pleines d'eau, et les autres dans de petits pots avec terre de bruyère, le tout rentré dans une serre à bouture. Quand, à cette époque, les capsules sont très-avancées sans être mûres, il suffit de les poser sur une tablette dans un lieu sec où la température est douce : elles y achèvent parfaitement leur maturité.

Nous dirons, en outre, qu'indépendamment de ces choix que les Anglais, à la fois botanistes et cultivateurs expérimentés, ont dû faire ou du moins ont habilement fait avant nous, ils ont encore su y ajouter une chance de plus ; et cette chance, amenée par l'expérience déjà faite sur la culture des radiées d'autres espèces, si elle avait été tentée plus tôt, aurait singulièrement avancé la marche des dahlias pour en obtenir des fleurs semi-doubles et pleines. La voici :

Les observateurs ont remarqué, dans grand nombre de plantes, que les pétales n'étaient rien autre chose que des étamines ainsi transformées par l'excès de la vigueur des plantes. C'est en effet ce que démontrent beaucoup de fleurs dont les pétales sont indécis entre les deux organes (étamine et pétale), c'est-à-dire moitié l'un et moitié l'autre, comme souvent cela se remarque dans les pétales filiformes de la *pæonia belgica*. Ils ont également remarqué avec un esprit d'application et de progrès, que dans les RADIÉES, comme, par exemple, l'aster reine-marguerique, et d'autres genres d'espèces différentes, si l'on forçait les plantes choisies comme porte-graines à ne fleurir que sur leur tige principale, à laquelle on renverrait exclusivement toute la sève en supprimant à mesure tous les rameaux par lesquels cette sève pourrait se diviser, ce serait à coup sûr la forcer à une surabondante nourriture en faveur des graines, et constituer dans celle-ci, au plus haut degré, les germes des individus à fleurs très-pleines que les naturalistes appellent assez improprement des monstres; quoique certainement elles soient si peu monstrueuses que tout le monde les admire, et qu'eux-mêmes, quand ils ne sont pas des *savantasses*, admirent tout aussi bien que les autres.

C'est parce que nos confrères les Anglais savent choisir leurs graines, et disposer aussi leurs porte-graines d'après les principes ci-dessus exposés, qu'ils ont jusqu'à ce jour obtenu, dans la culture et les semis des *dahlias*, des succès qui, jusqu'à présent, ont surpassé les nôtres.

Depuis un an et plus, nous avons invité, dans nos *Annales mensuelles des jardiniers amateurs* (1), tous nos confrères à suivre, pour le choix de leurs semences, la méthode que nous venons d'analyser ; nous espérons qu'en 1840 nous obtiendrons déjà des succès qui nous mettront à même de rivaliser avec les cultures anglaises.

Nous considérons ces succès comme d'autant plus probables et faciles, que notre climat, plus privilégié que celui de nos voisins, nous permet de recueillir des graines plus tôt et plus tard qu'ils ne le peuvent, en même temps que notre sol, qui n'est certainement pas plus ingrat que le leur, si, comme eux, nous voulons bien le choisir et le modifier, a de plus l'avantage d'être animé par une atmosphère beaucoup moins humide et capricieuse. Nous pouvons donc espérer que nos cultivateurs spéciaux, avec le même degré d'instruction, le même zèle, etc., ne tarderont point à mettre les dahlias français, sous tous les rapports, dans le cas de recevoir en Angleterre les mêmes honneurs et le même accueil que nous faisons en France à ceux que ces confrères obtiennent tous les ans.

[1] Ces Annales, qui, depuis 1832, sont en émission, se trouvent aussi chez les éditeurs de cet ouvrage. Prix : 10 fr. pour l'année à Paris, 12 fr. pour l'extérieur, et 14 fr. pour l'étranger.

DES SEMIS DU DAHLIA.

La semence du dahlia conserve sa vitalité, autrement dit ses facultés germinales, deux à trois ans, lorsqu'on la conserve dans un lieu sec, et que d'ailleurs elle est bien enveloppée, afin que l'air ne puisse en dessécher les germes.

On la sème à propos fin de février, premiers jours de mars, si l'on veut en voir fleurir tous les individus la première année, et assez à temps pour bien juger de leur première floraison. Si l'on sème plus tard, beaucoup de ces semences fleuriront quand déjà les nuits fraîches et la terre refroidie ne leur permettent plus de se développer avec tous leurs premiers avantages, et bon nombre ne fleuriront pas. On conserve l'embarras de les passer l'hiver, avec la certitude que, pour un individu qui méritera ou pourra mériter la peine ou les soins qu'il aura nécessités, cinquante autres auront occupé d'eux pendant deux ans pour être, en définitive, jetés au fumier.

On sème également bien en terrines, en pots, dans une serre tempérée, et sur le bord d'une couche sous cloche ou sous châssis.

On repique les semis au commencement de mai, dans la pleine terre ; et, quoique ces semis ne soient point, à beaucoup près, aussi délicats que des *compilateurs* ou horticulteurs de cabinets nous le disent, il est mieux, néanmoins, de choisir pour ce repiquage en place un temps humide ou nuageux, parce que seulement, par un temps sec, quoique l'on arrose, on peut plus facilement perdre quelques individus, surtout s'ils sont frappés d'un coup de soleil ; autrement dit, par les rayons solaires dont la chaleur serait multipliée instantanément par le passage accidentel d'un nuage qui les aurait convergés, lorsque ces individus, déjà fatigués par la transplantation, se trouvaient en même temps sur la ligne.

On plante ordinairement les semis en ligne et en quinconce. Les uns mettent un pied, d'autres quinze ou dix-huit pouces de distance entre les lignes et les individus. Nous pensons que plus on serre ces semis, moins on peut bien les juger, parceque, dans ce cas, les tiges, privées de l'air ambiant, s'étioleront ou fileront toujours, et conséquemment il deviendra très-difficile d'en juger la véritable hauteur. Compter que les individus à fleurs simples et autres à fleurs défectueuses, quoique pleines, seront arrachés de suite, et rendront suffisamment d'air aux autres, ce n'est pas, selon nous, calculer bien exactement, parce que déjà le mal sera fait à cette époque ; puisque les tiges, privées d'air pendant qu'elles croissaient, auront déjà perdu, à s'affiler et à chercher l'air libre, les facultés qu'elles ne pourront plus transmettre aux fleurs; et celles-ci, forcément, se trouveront plus ou moins altérées. Nous pensons donc que le moins de distance que l'on puisse mettre entre les semis, c'est celle de quinze pouces, et mieux dix-huit, et deux pieds.

On a soin de donner aux semis, comme aux plantes faites, un excellent sol, et tous les soins d'une bonne culture; si l'on veut qu'ils ne laissent rien à désirer sous les rapports de leur vigueur. Quoiqu'il soit incontestable qu'une plante de semence soit naturellement mieux constituée et plus vigoureuse qu'une plante recontinuée sur une autre par *séparage, bouture, greffe*, etc., ce n'est pas une raison pour la négliger; surtout quand l'on tient à ce qu'elle développe complètement toutes ses facultés, comme dans le dahlia.

Les individus à fleurs simples fleuriront communément les premiers, par cette bonne raison que la nature a moins de frais à faire pour le développement de leurs fleurs à un, deux ou trois rangs de pétales à peu près égaux, que dans les fleurs pleines, où ces rangs sont en bien plus grand nombre, et gradués avec bien plus d'art et de fini. Tout le monde conçoit qu'il faut moins de temps pour paraître en blouse, qu'en toilette artistement compliquée.

Si l'on a semé un peu tard, et qu'au commencement de septembre beaucoup d'individus se trouvent un peu arriérés, on n'a plus de temps à perdre pour ne leur laisser qu'une seule tige, et en réduire à mesure les boutons à un ou deux, afin d'en hâter la floraison et de pouvoir au moins s'en faire une première idée.

Si une plante de semis se présente avec toutes les perfections que les amateurs peuvent lui désirer, et que toutes ses fleurs, la première comme la dernière, avant à peu près la mi-octobre ou les premiers froids un peu sensibles, quoique sans gelée, se soutiennent également bien, on peut la considérer comme une excellente conquête, mais pour soi.

Malgré toutes les perfections d'une plante, telles qu'elles puissent être, il n'est jamais sûr que l'année suivante elle les reproduira. Nous avons des centaines d'exemples, et plus, qu'une plante à fleurs très-belles et parfaites à sa première année, loin de les reproduire l'année suivante, en donne qui ne supportent même plus l'examen. Nous craindrions de paraître inofficieux en citant, à cet égard, une culture où des plantes, et en assez bon nombre, confirment très-souvent, par l'expérience, notre opinion sur les belles plantes d'une première année. Il faut donc deux ans, ou une seconde floraison, pour juger si une plante est parfaite ou non. Ainsi, toute culture commerciale, qui vend surtout à haut prix une plante de graine de la même année, s'expose, à moins qu'elle ne prévienne des inconvéniens qui peuvent en résulter, à faire soupçonner ou son expérience ou sa bonne foi.

Quand une semence donne, avec nombre de fleurs parfaites, quelques-unes d'ouvertes, ou semi-doubles, ou simples, on peut bien la revoir l'année suivante ; mais, dix-neuf fois sur vingt, il est à parier qu'elle finira par se simplifier tout-à-fait. C'est ce qui arrive même à d'anciennes plantes à fleurs pleines, quand elles commencent à en donner quelques-unes de simples. Lorsqu'en septembre 1830, nous avons vu le fameux DAHLIA GEORGES IV, rebaptisé en France sous un nom très-préconisé alors, sur plus de soixante fleurs bien pleines, bien épanouies, et d'un beau *vermillon*, nous en avons remarqué une seule qui était simple, et masquée par le feuillage. Nous avons dit aux confrères qui nous accompagnaient dans la culture commerciale où elle se trouvait, que cette plante ne se soutiendrait pas en faveur bien long-temps; et en effet, tout le monde l'a rebutée depuis; parce que, dans ses floraisons successives, elle n'a fait que développer de plus en plus le vice qu'une seule fleur mal cachée avait trahi.

Après la mi-octobre, et même auparavant, si la température baisse plus tôt vers zéro, on ne peut plus bien juger un dahlia qui fleurit alors pour la première fois; puisque nos meilleures plantes, en telles circonstances, perdent beaucoup de leurs avantages. Pour peu donc qu'un semis promette, alors il est prudent de le conserver, afin de pouvoir mieux en juger l'année suivante. Nous avons vu, dans ce cas, des plantes, que l'on aurait pu croire très-médiocres, se présenter comme admirables en tous points à leur seconde floraison, et *vice versâ*.

LEVÉE OU ARRACHIS DES DAHLIAS A L'AUTOMNE.

On coupe les dahlias à six pouces de leur collet aussitôt que les premières gelées viennent les flétrir. Quinze jours plus tard, un peu plus un peu moins, selon que le temps est favorable, on en profite pour lever les tubercules ou pieds de dahlias. La sève, par ce délai, a eu le temps de se concentrer dans les racines; et celles-ci, d'achever leur révolution ou de bien s'affermir. On a soin de lever, sans blesser même aucun tubercule, autant que possible. Pour y réussir, on découvre avec adresse la terre jusqu'à ce qu'on arrive au véritable collet de la plante, afin d'apercevoir plus facilement la direction des gros tubercules. Cette superficie de terre jetée de côté, pour en diminuer la résistance, on écarte le fer de la bêche suffisamment pour l'enfoncer, sans dommage, au-dessous des racines et les soulever jusqu'à ce qu'elles soient tout-à-fait hors de la terre. Il faut bien se garder de porter auparavant la main sur la tige comme le font les maladroits ou les hommes sans expérience. Au lieu d'aider les racines à sortir de terre par un effort vigoureux, très-souvent ils en arrachent la tige avec la caroncule du collet où restent les germes latens, qui, l'année suivante, sont les seules ressources pour faire revivre et multiplier la plante.

Si, malgré les plus grandes précautions, on a coupé quelques tubercules, il sera très-probable que l'hiver les chicots restans pourriront, et très-possible qu'ils fassent pourrir les tubercules voisins. Il sera mieux, dans tous les cas, de les supprimer de suite près du collet, où la plaie sera beaucoup moins grande et aura le temps de se dessécher avant la rentrée définitive du pied, quel que soit le mode destiné à sa conservation. Les plaies des tubercules, en bonne saison, peuvent seulement diminuer un peu plus ou un peu moins la force ou la vigueur de la plante, pendant aussi plus ou moins de jours, et voilà tout; parce qu'alors la sève les répare ou remplace assez vite et assez facilement : en automne, la sève suspendue abandonne les tubercules mutilés, et nécessairement ils pourrissent.

Dans le cas où l'on tiendrait beaucoup à un dahlia trop blessé par la maladresse d'un arracheur, il serait sage de le replanter de suite dans un pot de dimension relative, et avec bonne terre; de plonger ce pot dans une tannée tiède, sous châssis, et encore mieux avec, que sans cloche d'abord. On le forcera ainsi à repousser de suite; et, en le maintenant bien en sève tout l'hiver, on en tirera le même parti que si n'avait pas eu lieu l'accident qui, dix-neuf fois sur vingt, l'aurait fait périr.

Les dahlias sortis de terre doivent, *prudemment*, à cette époque, être tous rentrés avant la nuit du même jour dans un lieu sec et à l'abri des gelées. On les tient là, selon les circonstances, dix à quinze jours, afin qu'ils aient le temps d'évaporer l'humidité de leur terre et de leurs racines; ensuite, on les rentre définitivement pour les préserver contre toutes les chances funestes de l'hiver.

CONSERVATION DES DAHLIAS PENDANT L'HIVER.

Dans quelques contrées, et en Allemagne notamment, on laisse les dahlias en place, comme les artichaux ; on les préserve par un amoncellement de terre ou de litière, en raison de la progression des froids : on découvre à mesure au retour du printemps ; et au mois de mai, ces pieds de dahlias ainsi laissés en terre poussent plus ou moins grand nombre de tiges que l'on peut partager, comme nous l'avons dit plus haut. On peut aussi en lever des boutures avec talon, qui prêtent également à multiplier la plante. Dans tous les cas, cette méthode de conserver des dahlias, toute facile qu'elle soit, nous présente deux très-graves inconvéniens · le premier, c'est la double chance d'en perdre beaucoup, si non tous, par la pourriture, si l'hiver est trop humide, ou par les gelées souvent interrompues et reprises dans les hivers très-durs. Le second inconvénient est celui de ne pouvoir réparer, au printemps, les vides causés par des accidens d'hiver, que par des séparages au moins avec un ou deux gros tubercules, afin d'obtenir dans sa floraison l'harmonie des individus tous à peu près de même force, surtout dans une même ligne ou plate-bande, où les dahlias seront restés en place avec succès pendant l'hiver ; et d'un autre côté, ces derniers présentent encore le désavantage de donner des touffes trop nombreuses qui s'élancent à un pied et souvent plus, au-delà des tiges d'un séparage ou d'une bonne bouture de l'année. Le seul cas où cet inconvénient pourrait n'être pas considéré comme tel, est celui où il ne s'agirait que de remplir de larges plates-bandes pour faire de l'effet à bon marché, par des masses de fleurs telles quelles, comme dans les grands palais dont les jardins sont publics, et dont le nouveau mode d'entretien, pour plus d'économie, est adjugé au rabais.

Beaucoup d'amateurs, après avoir, comme nous l'avons dit, laissé leurs tubercules se ressuyer une quinzaine de jours, les placent dans une fosse longue relativement, large de deux à trois pieds, et profonde de vingt à trente pouces. Cette fosse se pratique près d'une bonne muraille exposée au midi et sur un fond des plus secs. Les dahlias y sont enterrés entre deux lits de sable de six pouces, sur deux à trois couches de dahlias, ainsi séparés dans leur superposition. Nous trouvons que deux couches, et même une, serait pour le mieux, si celle-ci pouvait suffire. La dernière couche, recouverte à six pouces, ou en sable ou en terre, ils enveloppent le tout d'une épaisseur de deux à trois pieds de *feuilles d'arbres* qui équivalent, pour les effets contre le froid, à deux bons pieds de neige. Cette méthode, l'hiver fût-il encore plus sévère que ceux de 1788-1789 et 1829-1830, préserve parfaitement les tubercules de dahlias.

D'autres amateurs, qui ont de très-bonnes caves bien sèches et en même temps toujours à bonne température, y passent très-bien aussi leurs tubercules, les uns en les posant sur des tablettes, les autres en les jaugeant avec précaution dans du sable sec; ce qui réussit encore parfaitement.

Nous conservons les nôtres entre des lits de petit

foin dans des malles placées dans notre appartement, où nous les visitons toutes les semaines, et sommes toujours à même de les sauver de tous accidens. Nos répétitions passent l'hiver enterrés sous huit pouces de vieille tannée sèche, au pied du mur de notre petite serre ; et nos tubercules de graines à revoir ou non fleuris, dans une fosse à l'extérieur au pied d'un mur exposé au midi.

Nous ferons observer, en terminant cet article, que c'est une mauvaise méthode que d'enrouler en plomb les étiquettes autour des vieilles tiges des dahlias que l'on place ou dans des fosses ou dans des jauges. Indépendamment des maladresses qui peuvent faire tomber ces étiquettes en relevant les tubercules, il arrive plus fréquemment qu'à la fin de l'hiver ces bouts de tige tombent, ou se détachent tout naturellement des collets, et que les étiquettes se trouvent à plusieurs, mêlées ou confondues, sans pouvoir avec certitude les attribuer aux individus qu'elles renseignaient. Nous avons vu bien des fois maintes erreurs qui procédaient de cette cause.

Ainsi, pour éviter les embarras ou les mécomptes de ces accidens, il est plus sage d'enrouler une petite étiquette en plomb, autour d'un léger fil de fer, et d'attacher celui-ci au pied de chaque dahlia, par un tour ou deux en dessus et en dessous des tubercules.

RÉFLEXIONS

SUR LES SEMIS, LES PROGRÈS ET LA VOGUE DES DAHLIAS.

Nous avons dit, page 116, que, depuis plusieurs années, nous invitions nos lecteurs, amis des plantes d'agrément, à semer avec soin les graines qu'ils pourraient recueillir sur les variétés les plus parfaites de leurs dahlias.

Beaucoup de nos honorables confrères n'avaient point attendu nos invitations. Ils ont également pu se passer de nos observations et de nos expériences pour exécuter des semis avec toutes les chances de succès des meilleures combinaisons. Ils ont donc commencé déjà depuis assez long-temps, et se sont ainsi tenus à même de continuer avec des succès que promettent aujourd'hui les progrès si encourageans de ce beau genre.

M. Deschiens, jurisconsulte et propriétaire, 3, rue Champ-la-Garde, à Versailles, a obtenu, dans ses semis 1839, notamment deux dahlias qui ont brillé à l'exposition publique des amateurs et commerçans de Versailles, quoique à cette exposition florale les plus beaux dahlias de l'Angleterre se trouvassent en concurrence.

M. Chéreau, directeur de l'assurance contre la grêle, 41, faubourg Poissonnière, a obtenu, dans sa belle propriété d'Écouen, six à sept variétés de ses semis très-nombreux, auxquelles il ne manque plus aussi que la sanction de l'épreuve d'une seconde année pour être également acceptées comme des modèles sur les deux continens.

Ces deux amateurs distingués ne considèrent leurs succès de l'année dernière que comme des encouragemens pour continuer sur une plus grande échelle leurs tentatives ; afin que, pour l'honneur de l'horticulture française, les dahlias de France ne comptent plus seulement que pour un dixième tout au plus dans les belles variétés de nos plus riches collections, à côté des neuf autres dixièmes dont les dahlias anglais, jusqu'à ce jour, font si justement les honneurs.

Dans plusieurs de nos départemens, bon nombre d'amateurs, et dans le même but, ont déjà, depuis plus ou moins long-temps, essayé, par le semis, de lutter aussi avec les cultures anglaises, pour obtenir des variétés de dahlias qui valussent les leurs. Cette année, bien plus grand nombre encore se propose d'entrer dans la carrière ; et nous avons lieu, d'après ce que nous en savons, d'espérer de grands et prochains succès que nous sommes déjà impatiens d'enregistrer.

Nous avons notamment appris avec un vif intérêt qu'enfin M. Desprez, propriétaire à Yèbles, près Guygnes (Seine-et-Marne), l'un de nos plus célèbres horticulteurs, s'était décidé à cultiver aussi les *dahlias* en grand, comme il cultive le genre rosier.

Les brillans succès qu'il a obtenus et obtient encore chaque année dans ce beau genre nous font espérer que, d'ici à deux ou trois ans, les noms de ses belles conquêtes en dahlias figureront sur les catalogues anglais et français avec autant de distinction qu'y figurent les belles et nombreuses roses de ses semis qu'il a émises dans le commerce depuis huit à dix ans.

Que M. Desprez veuille bien mettre dans cette seconde culture le même zèle, la même persévérance, et surtout la même perspicacité pour les combinaisons des croisemens ou fécondations artificielles en dahlias comme en roses, et, bien sûrement, il obtiendra, pour ce premier genre comme pour le second, la même célébrité; et, bien sûrement aussi, cet habile cultivateur-amateur contribuera, pour sa bonne part, à relever nos dahlias, comme il a si bien contribué à relever nos rosiers.

Nous avons, cette année comme les précédentes, décrit avec soin les plus beaux dahlias des cultures d'amateurs et de commerçans que nous avons coutume de visiter pour y rencontrer les plus beaux modèles et les placer, autant que possible, avec leurs qualités et imperfections, sous les yeux de nos lecteurs, par leur description dans nos annales.

Nous avons remarqué, avec beaucoup de regret, combien était petit le nombre des dahlias français dans la nomenclature des plus beaux dahlias que nous pouvions citer, comparativement au nombre des dahlias anglais qu'il faut admettre impartialement pour former seulement une citation de quarante à cinquante de nos meilleures plantes.

Pour mettre nos lecteurs à même d'en juger, nous en avons donné les noms et la description dans le tableau qu'ils trouveront à la fin de cet opuscule. Nous y avons distingué, par des *caractères italiques*, les variétés qui ne sont point d'origine anglaise : toutes les autres procèdent des cultures plus ou moins riveraines de la Tamise.

C'est en rédigeant cette nomenclature que nous nous sommes étonnés de la différence si désavantageuse qu'elle constatait en notre défaveur ; cette différence devient plus chagrinante encore quand on réfléchit combien elle est méritante pour les horticulteurs anglais, puisque, pour l'obtenir, ils doivent triompher de nombre de circonstances défavorables et d'accidens très-difficiles, qui, chez nous, n'existent pas ni les unes ni les autres pour la même culture.

A la vérité, pour continuer à être justes envers tout le monde, nous devons dire que les cultures anglaises sont autrement soutenues et encouragées que les nôtres.

Les amateurs, dans ce pays, sont beaucoup plus riches et plus nombreux, et les gouvernans les premiers se font sincèrement honneur d'aimer et de rechercher les belles plantes, d'en inspirer le goût, et même de le faire passer dans les mœurs de tous les hommes distingués de leur nation. Les souverains eux-mêmes ne dédaignent point, non pas de se déclarer stérilement les protecteurs des sociétés et du commerce de l'horticulture, mais bien de les protéger positivement, c'est-à-dire efficacement et de tous les grands moyens dont ils peuvent disposer.

A Londres, et dans toutes les villes tant soit peu populeuses de l'Angleterre, on trouve de *véritables sociétés d'horticulture*, instituées dans les *intérêts positifs*, non d'une *mauvaise et ignoble coterie* d'intrigans, mais bien de tous les *commercans et amateurs*. Les dignitaires de ces sociétés sont tous des gens *honorables*, *désintéressés* et *bienveillans*, qui se dévouent avec noblesse et générosité aux intérêts dont, avec une *conscience pure*, ils ont accepté la protection et la défense.

Tout le monde conçoit qu'avec de semblables encouragemens notre horticulture française aurait pu profiter de tous ses avantages, et qu'alors nos voisins n'auraient pu l'effacer. Félicitons-en nos heureux voisins. Admirons leurs hommes d'état dans leur religion politique qui, avant tout, leur fait apprécier et protéger chaudement toutes les industries commerciales et agricoles; quand elles concourent ou peuvent concourir au bien-être, à la gloire et à la prospérité de leur nation.

Espérons qu'un jour cet exemple sera suivi partout, lorsque le véritable amour du bien public s'entendra, non de le vouloir pour soi et les siens, mais au contraire pour tous avant soi. Alors les mots reprendront chez nous le véritable sens qu'y attachaient nos pères, et cesseront de tromper sur les choses les dupes qui se laissent toujours prendre par les oreilles ou par les yeux.

Depuis si long-temps la contagion du mal ou de la corruption s'étend et domine avec des succès toujours plus effrayans, qu'il nous paraît raisonnable d'espérer que celle du bien en résultera tout naturellement, puisque toujours les extrêmes se touchent. Ainsi, nous autres horticulteurs et agriculteurs, espérons. Peut-être ne sommes-nous pas loin du temps où, quand on nous dira que l'agriculture est la première de toutes les sciences et le plus honorable des arts, on le pensera véritablement; et que, mieux on le prouvera par des faits autrement positifs que des phrases banales, de l'eau bénite de cour et des places *sine curâ* aux intrigans qui parlent beaucoup, jusqu'à ce qu'enfin par cette curée on les fasse taire.

En attendant de meilleures choses, c'est-à-dire, pour l'horticulture, des ressources aussi puissantes que celles de nos voisins, ne perdons pas de vue que nous avons aussi des avantages qui rendent nos efforts à la fois plus faciles et moins coûteux que les leurs; et que rien n'empêche que nous profitions en partie des avantages officieux et officiels dont nous pouvons envier les semblables pour nous et chez nous. Donc présentons-leur des plantes dignes rivales de celles qu'ils obtiennent, enfin des perfections dans tous les genres, et notamment celui des *dahlias*; bien sûrement ils les viendront acheter chez nous comme nous allons chez eux acheter les leurs. Et puisqu'ils viennent bien acheter nos *rosiers français*, ils achèteront très-volontiers aussi nos *dahlias ;* s'ils deviennent nécessaires au complément de leurs belles et riches collections, commes les leurs sont indispensables à la beauté et à la richesse des nôtres. C'est même ce qu'ils ont déjà fait en achetant, à Paris et ailleurs, le peu de dahlias français qui ont mérité leur attention.

Nous désirons donc, et avec ardeur, dans l'intérêt et l'amour-propre de l'horticulture française, que tous nos confrères amateurs cultivent et sèment le *dahlia* avec tout le zèle et le discernement qui les distinguent; parce que nous avons la conscience qu'ils peuvent obtenir des résultats qu'aucune horticulture ne pourrait effacer; nous dirons plus, nos confrères les horticulteurs anglais s'étonnent aussi comme nous que, dans ce genre, nous ne soyions pas au moins leurs égaux, et ils s'attendent même à ce que nous ne tardions pas à partager au moins leurs succès. Enfin, ne dussions-nous parvenir qu'à pouvoir échanger avec eux à mérite égal, comme nous le pouvons si bien, que ce serait déjà un honorable avantage à ambitionner, si nous ne pouvions mieux.

C'est principalement pour concourir à ce but que nous avons écrit cet opuscule. Nous le dédions aux amateurs et aux semeurs de dahlias, avec le désir bien sincère d'être entendus ou exaucés dans nos vœux pour le développement de l'horticulture française sous tous les rapports, et notamment sous celui du commerce qui alimente et intéresse parmi nous une des classes intelligentes et laborieuses des plus recommandables.

NOMENCLATURE ET DESCRIPTION

DES

VARIÉTÉS DE DAHLIAS,

LES PLUS PARFAITES QUI ONT FLEURI EN 1839,

Dans les collections des amateurs et des commerçans,

A PARIS ET AUX ENVIRONS.

DAHLIAS NAINS,

Tiges de deux à trois pieds.

Ancell's unic : tige, deux à trois pieds; fleurs très-pleines; ligules bien arrondies, creusées en conque, supérieurement étagées et imbriquées sur quinze à vingt rangs; coloris beau *jaune*, maculé *cannelle* sur les sommets des ligules; diamètre floral, trois bons pouces; pédoncules solides et déchant bien les fleurs au-dessus de la plante.

Wasington (Seales) : tige, deux à trois pieds: fleurs aussi très-pleines et supérieurement faites; ligules facturées à l'emporte-pièce sur au moins vingt rangs gradués avec une remarquable élégance; coloris beau *rose violacé*, nuances et tons des plus frais; diamètre, trois bons pouces; pédoncules et pose magnifiques.

Elisabeth : tige, vingt-quatre à trente pouces ; fleurs d'une très-riche facture, quinze à vingt rangs de ligules admirablement graduées et imbriquées, toutes *blanc* très-pur, et marginées *violet* charmant ; diamètre, trois bons pouces.

Duchess of Portland : tige, deux à trois pieds ; fleurs bien remplies et bombées très-gracieusement comme le segment de la moitié d'une sphère parfaite ; ligules en oreillettes sur quinze à vingt rangs, *blanc rosé* vers le centre, et pointillées *violet* à la circonférence ; diamètre, trois pouces.

Lewick's am Rival : tige, deux à trois pieds ; fleurs bien étoffées ; ligules, quinze à dix-huit rangs, bien graduées et imbriquées, toutes bien arrondies et d'un *blanc* très-pur ; diamètre, trois pouces.

Newich-Parck : tige, trois pieds ; fleurs d'une très-rare beauté unie à une perfection des plus classiques ; ligules sur plus de vingt rangs, graduées et superposées avec un fini des plus gracieux ; coloris *violet foncé*, nuancé *pourpre vif ;* pédoncules magnifiques et fermes comme de l'acier.

Zilia : tige, deux pieds ; fleurs aussi à formes et dessins des plus gracieux et parfaits ; ligules supérieurement coupées et graduées sur quinze à vingt rangs ; coloris beau *rose carmin*, nuancé *saumon ;* diamètre, deux et demi à trois pouces.

Coccinea perfecta : tige, deux à trois pieds ; fleurs bien pleines et très-régulières ; ligules sur quinze rangs, bien graduées et imbriquées ; coloris *rouge feu*, nuancé *carmin ;* diamètre, trois pouces.

Diana (Vernon) : tige, trois pieds ; fleurs très-riches ; ligules sur plus de vingt-cinq rangs, celles du centre en cornets très-courts et ramassées en anémone, d'un beau *violet* foncé ; les suivantes, coupées en coquilles creuses, arrondies et aussi, comme les précédentes, graduées avec une rare perfection, toutes *blanc* très-pur, sommet maculé *violet* d'une superbe nuance ; diamètre, trois à trois pouces et demi.

Sophronie : *tige, deux à deux pieds et demi ; fleurs très pleines, supérieurement faites ; quinze à vingt rangs de ligules en écailles, d'une graduation et d'une imbrication des plus élégantes ; coloris* pourpre violet, *nuancé* feu ; *diamètre, trois pouces.*

Amato : tige, deux et demi à trois pieds ; fleur très remarquable par ses formes parfaites et sa belle et régulière plénitude ; coloris *violet*, nuancé *cerise* et *lilas*, ombré *violet pourpre ;* diamètre, trois à quatre pouces.

Dona Anna : tige, trois à trois pieds et demi ; fleurs magnifiques de formes et de contours gracieux ; ligules sur quinze à vingt rangs toutes *violet*, nuancé lilas, et bordées en reflets *gris argenté ;* diamètre, quatre pouces.

Dom Juan : tige, deux à trois pieds ; fleurs très-pleines ; ligules bien graduées sur quinze à vingt rangs ; coloris *marron*, nuancé *feu ;* diamètre, trois bons pouces.

Nec plus ultrà (Widnall's) : tige, deux à trois pieds ; fleurs aussi bien pleines et très-régulières ; ligules également imbriquées avec graces sur au moins quinze à dix-huit rangs ; coloris *pourpre* foncé sur belle étoffe de velours ; diamètre, trois bons pouces.

Mary of Burgundy : tige, deux à trois pieds ; fleurs charmantes ; ligules en coquilles creuses et bien arrondies, supérieurement graduées et imbriquées sur au moins quinze rangs ; coloris *blanc* de *perle* sur les deux pages de chaque ligule, toutes bordées ou marginées beau *rose*, nuancé *carmin ;* diamètre, trois bons pouces.

DAHLIAS MOYENS,

Tige, trois pieds et demi à quatre pieds et demi.

Australia : tige, quatre pieds ; fleurs pleines, bombées en segmens sphériques formés par quinze à vingt rangs de ligules imbriquées et graduées avec une très-grande perfection ; coloris *cramoisi pourpre*, ombré *marron;* diamètre, quatre pouces.

Ceres : tige, trois pieds et demi, souvent quatre ; fleurs très-riches, très-finement graduées et imbriquées sur vingt-cinq à trente rangs de ligules supérieurement découpées ; coloris *pourpre brun*, nuancé *amarante;* diamètre, quatre pouces.

Beauty of the Nordth : tige, quatre pieds ; fleurs très-pleines, quinze à dix-huit rangs de ligules frappées à l'emporte-pièce et superposées avec une brillante élégance ; coloris beau *violet pourpre* dans les plus belles nuances, étoffe très-soyeuse.

Fir Ball : tige, quatre pieds ; fleurs très-bombées et presque sphériques ; ligules en cornets très-fins, graduées sur trente à trente-cinq rangs, avec un fini des plus riches, et imbriquées en chef-d'œuvre du plus habile artiste ; ensemble de facture des plus merveilleux ; coloris *vermillon*, nuancé de *grenade*, cœur légèrement ombré *noir;* diamètre, trois à quatre pouces.

Cette belle plante a ébloui cette année tous les amateurs. C'est à peine si nous aurions osé dire qu'elle serait plus parfaite encore, si elle était taillée, et mieux si elle n'en avait pas besoin pour paraître à la première floraison ce qu'elle est à la seconde et à la dernière ; néanmoins, en 1839, c'était un de nos plus beaux et rares diamans.

Ring Leader : tige, trois et demi à quatre pieds ; fleurs aussi très-riches et bien bombées, vingt à vingt-cinq rangs de ligules roulées en cornets, graduées et imbriquées avec un merveilleux des plus finis, toutes beau *rose*, carminé à l'intérieur, et bordées par l'endessous des cornets, *blanc* pur dans certain sol, et quelquefois ailleurs *blanc lilacé*; diamètre, quatre pouces.

Bowman Ier : tige, trois pieds et demi ; fleurs superbes, bien remplies ; ligules facturées en cornets très-régulièrement gradués et imbriqués sur vingt à vingt-cinq rangs; coloris *jaune* queue-de-serin; diamètre, quatre pouces.

Climax (Jeffry's) : tige, quatre pieds et demi ; fleurs aussi des plus riches ; vingt-cinq à trente rangs de ligules taillées en coquilles des plus élégantes, graduées et imbriquées dans toute la perfection possible ; coloris *violet brun*, strié *lilas* ; diamètre, quatre bons pouces.

Quoique nous ne décrivions point les dahlias, quelque beaux qu'ils soient d'ailleurs, s'ils pèchent par quelques défauts, notamment par les pédoncules, nous ne pouvons passer sous silence ceux de *Climax*, fermes comme du fer et en offrant les fleurs avec une grace et une pose des plus majestueuses.

Le Censeur : tige, trois et demi à quatre pieds; fleurs encore d'une insigne beauté; ligules coupées en oreillettes, supérieurement graduées et imbriquées sur vingt-cinq à trente rangs, qui dans leur ensemble composent trois-quarts d'une sphère taillée et ciselée avec une admirable et élégante justesse ; coloris *carmin* dans l'intérieur des ligules, et *violet* sur les bords ; diamètre, quatre bons pouces.

Lucina : tige, quatre pieds ; fleurs des plus parfaites de graces, de richesse et de formes ; quinze à vingt rangs de ligules plissées en volans de robe ou colerettes des plus galantes, graduées et disposées avec une entente des plus artistiques, toutes d'un *blanc* des plus purs et des plus frais au centre et au milieu des fleurs, et toutes *rose* des plus suaves aux deux ou trois derniers rangs qui terminent la circonférence ; diamètre, quatre pouces.

Oliver Twist : tige, quatre pieds ; fleurs très-pleines ; vingt-cinq rangs et plus de ligules en cornets très-serrés, courts et droits au centre, en coupillons supérieurement facturés, graduées et imbriquées depuis le centre jusqu'à la circonférence bien exacte ; coloris *violet brun* bien ombré sur beau velours ; diamètre, quatre bons pouces.

Simetry (Gaines) : tige, trois et demi à quatre pieds ; fleurs très-riches, vingt-cinq à trente rangs de ligules en cornets courts, serrés et finement gradués au centre, les autres découpées en oreillettes très-élégantes, aussi très-finement étagées et imbriquées successivement jusqu'à la circonférence qui est très-parfaite ; coloris *pourpre* nuancé *marron* sur velours bien étoffé ; diamètre, quatre pouces.

New lilas perfection: tige, trois et demi à quatre pieds ; fleurs parfaites, au moins dix-huit à vingt rangs de ligules en cornets bien gradués et imbriqués ; coloris *lilas* très-frais et séduisant ; diamètre, quatre pouces.

Rival purple : tige, quatre pieds ; fleurs bien étoffées, très-élégantes et régulières, quinze à vingt rangs de cornets bien gradués et successivement fermés, entr'ouverts et ouverts ; coloris *violet* brun nuancé violet clair ; diamètre, quatre pouces.

Duchesse de Richemont : tige, trois et demi à quatre pieds ; fleurs véritables modèles de beauté et de perfection par ses vingt-cinq à trente rangs de ligules roulées en cornets, graduées avec des proportions d'une grande finesse, et, enfin, disposées avec une grâce que peut produire seul le ciselet de la nature, quand elle veut bien travailler pour la perfection des arts ; coloris *rose* très-vif et brillant à l'intérieur des cornets, et rose lilacé très-suave sur les bords extérieurs réfléchis en dessus; diamètre, quatre pouces.

Nonpareil : tige, quatre pieds; fleurs aussi très-brillantes de formes; ligules en cornets très-élégans, dont la graduation, sur au moins vingt-cinq rangs, comme l'imbrication, est des plus parfaites; l'intérieur de ces cornets est coloré *jaune* nuancé *bistre* ou *noisette*, et l'extérieur cramoisi rose qui, sur la fin de la saison, prend des nuances ou des stries *jaune capucine*; diamètre, quatre pouces. Cette superbe plante ne peut en effet se comparer à aucune autre par les couleurs; et ne le cède a aucune par ses formes.

Lady Deacon : tige, quatre pieds; fleurs pleines, vingt à vingt-cinq rangs de ligules parfaitement taillées et disposées, toutes en oreillettes colorées *nankin* clair et bordées *violet* foncé; diamètre, quatre pouces.

Champion (Chandler's) : tige, quatre pieds; fleurs aussi d'une très-grande et riche perfection sous tous les rapports; coloris *marron pourpre* avec nuances qui rappellent par illusion le *bleu foncé*; diamètre, quatre pouces.

Évêque de Cambray : *tige, quatre à quatre pieds et demi; fleurs épaisses très-étoffées, ligules roulées en cornets et tuyaux d'orgue d'une très-belle et remarquable facture, ensemble charmant; coloris* violet pourpre; *diamètre, quatre à cinq pouces.*

Moult pleasant Rival : tige, quatre pieds; fleurs sur quinze à vingt rangs de ligules obrondes et creusées en coquilles, graduation et imbrication des plus élégantes, ensemble parfait; coloris *marron* foncé sur velours très-riche; diamètre, quatre pouces.

GRANDS DAHLIAS,

Tige, quatre et demi à cinq pieds et plus,

Belle Clotilde : *tige, quatre et demi à cinq pieds; fleurs magnifiques de formes et de proportions, quinze à vingt rangs de ligules en cornets, et oreillettes très-gracieusement étagées et imbriquées; coloris* blanc neige *des plus purs; diamètre, quatre à cinq pouces.*

Nous croyons cette superbe plante produite par nos cultures françaises, et la trouvons bien supérieure à *Virgeen queen*, le meilleur des dahlias blancs anglais à haute tige.

Duc of Devonshire : tige, cinq à six pieds; fleurs très-pleines, sur vingt à vingt-cinq rangs de ligules très-élégamment découpées et disposées, graduation et imbrication des plus parfaites; coloris beau *jaune* bien pur, accidentellement, quelquefois pointillé *rouge*; diamètre, quatre et demi à cinq pouces.

Ingestry Rival : tige, cinq à cinq pieds et demi; fleurs superbes, très-nombreuses; vingt rangs au moins de ligules obrondes creusées en coquilles, supérieurement graduées et imbriquées; coloris *rose violacé* à nuances d'une grande et séduisante fraîcheur, nuances changeantes et bleuâtres vers les onglets des ligules; diamètre, quatre et demi près de cinq pouces: pédoncules longs, très-fermes, inégaux et détachant avec grâce en fusées de feu d'artifice qui se suivent, les fleurs au-dessus de la plante.

Valace (Néville); mêmes taille, facture florale, beauté et qualités que dans *Ingestry Rival*; diffère seulement par le coloris *pourpre marron* ombré *noir*.

Watford Surprise : tige, quatre pieds et demi ; fleurs très-pompeuses de richesse, d'élégance et de beauté dans toutes ses formes et proportions ; coloris *cramoisi violacé*, ombré *pourpre* et nuancé *amarante* ; diamètre, quatre pouces.

Western Rose : tige, quatre et demi à cinq pieds ; fleurs dites parangonnées attendu le brillant fini de ses vingt rangs et plus de ligules en coquilles creuses, proportionnées et graduées par rangs avec une régularité et une finesse des plus élégantes, composant un ensemble d'une beauté des plus précieuses ; coloris *rose* vif nuancé *lilas* à tons bleuâtres des plus rares ; diamètre, quatre à quatre pouces et demi ; pédoncules, pose et effets comme ceux d'*Ingestry-Rival*.

Cambridg's Hero : tige, cinq à cinq pieds et demi ; fleurs très-riches et supérieurement découpées et ordonnées dans leurs dix-huit à vingt rangs de ligules en coquilles creuses et bien arrondies ; coloris *marron* nuancé *noir* ; diamètre, quatre pieds et demi ; pédoncules, pose et domination à différens étages au-dessus des tiges qui en multiplient considérablement la grâce des belles et nombreuses fleurs. C'est en effet le dahlia qui les présente le plus majestueusement.

Anthiope : tige, quatre à cinq pieds ; fleurs très-pleines et aussi d'un gracieux des plus parfaits ; quinze à vingt rangs de ligules creuses, graduées et empilées avec la même élégance que les pétales d'une belle rose centfeuilles ; coloris *beau rose* lilacé ; pose et pédoncules des fleurs de *Cambridg's hero*.

Beauté de Belmont : tige, cinq pieds ; fleurs encore des plus parfaites et des plus notables par leurs formes, leurs contours et leurs proportions dans leurs quinze à vingt rangs de ligules bien étoffées, coloris *écarlate* avec nuances *feu* très vif ; diamètre, quatre à quatre pouces et demi.

Cette plante, qui ne laisse rien à désirer, a complètement détruit le *Glory Douglass*, le *Conqueror* (Harry's), etc., que l'on portait encore aux nues il y a deux ans.

Viola (Harrisson) : tige, quatre et demi à cinq pieds ; fleurs à quinze et vingt rangs de ligules en cornets, bien graduées et imbriquées au centre, et en coquilles élégantes non moins élégamment distribuées, et facturées jusqu'à la circonférence ; coloris *violet* à charmantes nuances ; diamètre, quatre bons pouces.

Juno : tige, quatre et demi à cinq pieds ; fleurs aussi d'une très-grande beauté ; ligules sur quinze à vingt rangs de cornets et coquilles supérieurement facturés, gradues et imbriqués ; coloris, *cerise* nuancé *carmin* ; diamètre, quatre pouces et demi et plus.

Ces fleurs ont aussi, quant à la pose et à la solidité de leurs pédoncules, etc., le mérite de celles d'*Ingestry-Rival*.

Marchioness of Landown : tige, quatre pieds et demi ; fleurs encore d'une insigne et rare beauté ; vingt à vingt-cinq rangs de ligules, coupées à l'emporte-pièce, disposées, graduées et imbriquées avec une élégance et une régularité des plus précieuses et rares ; coloris *blanc* teinté *rose*, et *rose tendre* vers la circonférence ; diamètre, quatre bons pouces ; ensemble d'une perfection des plus notables.

Égyptian Prince : tige, cinq pieds ; fleurs très-pleines et en tout supérieurement facturées ; coloris *marron* pourpré, nuancé *noir* ; diamètre, cinq pouces. Quant aux pédoncules, à la pose des fleurs, etc., mérite transcendant de *Cambridg's Hero*.

Essex Rival : tige, quatre pieds et demi ; fleurs très-riches et très-brillantes de facture, de formes et de proportions dans tous ses nombreux et charmans détails ; coloris *marron* à nuance *pourpre* sur beau velours ; diamètre, quatre pouces.

Schakllewell : tige, quatre pieds et demi, fleurs aussi d'un très-grand mérite et d'une bien rare perfection sous tous les rapports; quinze à vingt rangs de ligules bien graduées, toutes plissées en petits bouillons de colerette de fine batiste; ensemble merveilleux; coloris *violet* nuancé *amarante* en dessus des ligules, et teinté rose avec reflets en dessous; diamètre, quatre pouces et demi; fleurs très-nombreuses avec pédoncules et pose de *Cambridg's Hero*.

Lady Mac Leon : fleurs bombées très-pleines, ligules riches de forme et d'élégance, sur quinze à vingt rangs, graduées en cornets comprimés et comme repassés par les plus habiles blanchisseuses en fin; toutes *blanc lilacé* à l'intérieur, *lilas* nuancé *violet* en dessous et en dessus de leur sommet; diamètre, quatre pouces.

Agrippa : tige, cinq pieds; fleurs composées de quinze à dix-huit rangs de ligules bien arrondies et très-gracieusement plissées; coloris *cramoisi feu*, nuancé *écarlate* très-vif; diamètre, quatre à quatre pouces et demi.

Conqueror (Springal) : tige, cinq pieds et demi; fleurs superbes et des plus parfaites; ligules sur vingt à vingt-cinq rangs gradués et imbriqués avec la plus élégante et la plus admirable justesse; coloris *marron*, nuancé *cramoisi pourpre*; diamètre, quatre à quatre pouces et demi; pédoncules et pose aussi d'un majestueux effet.

ERRATUM.

Page 15, ligne 17, au lieu de *pour*, lisez *par*.

FIN.

TABLE DES MATIÈRES

CONTENUES DANS CE VOLUME.

www.ingramcontent.com/pod-product-compliance
Ingram Content Group UK Ltd.
Pitfield, Milton Keynes, MK11 3LW, UK
UKHW022112260726
13993UKWH00001B/465